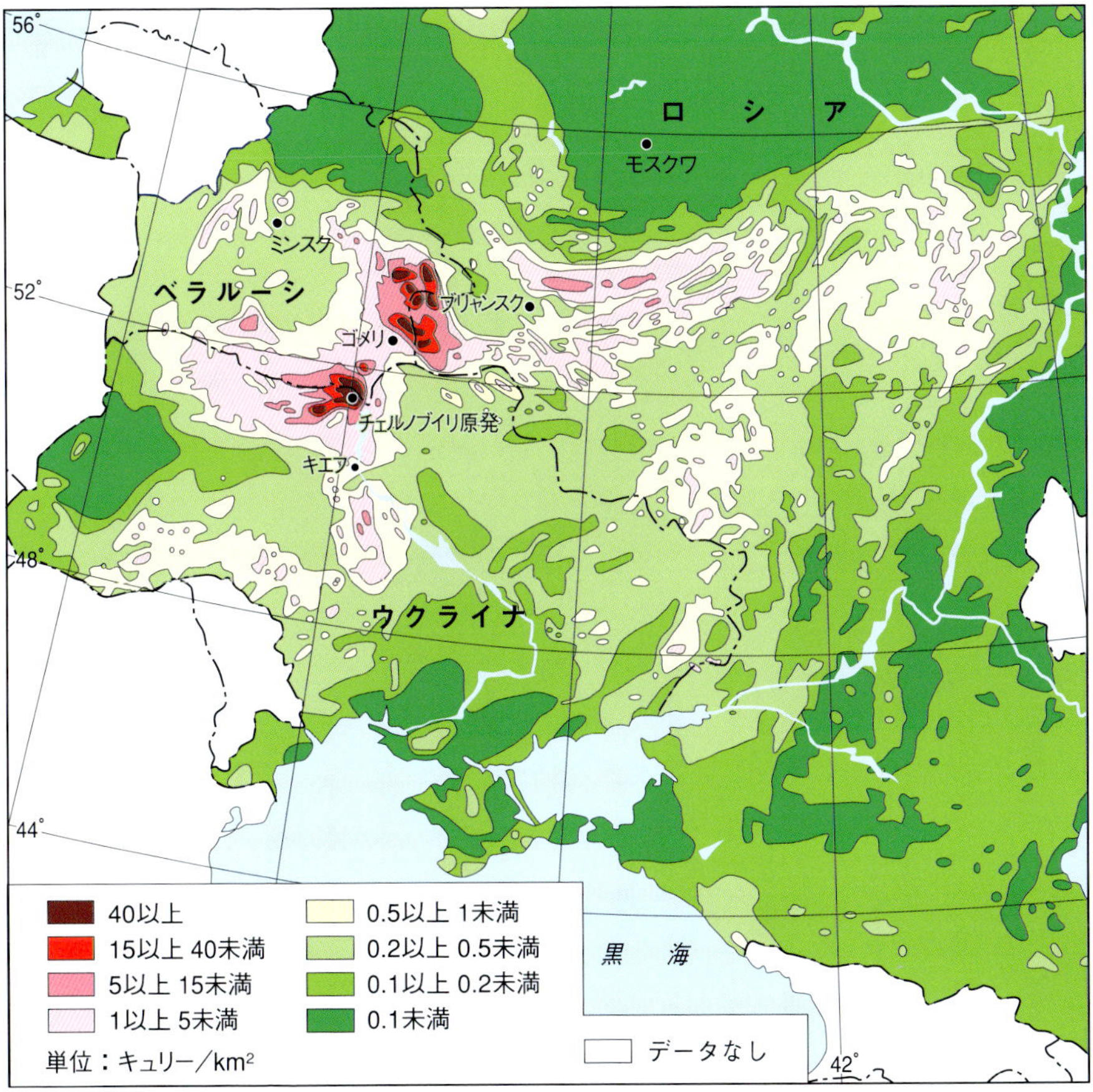


口絵1　セシウム137による土壌汚染度（ロシアナショナルレポート『チェルノブイリの悲劇』より）（本文52頁参照）

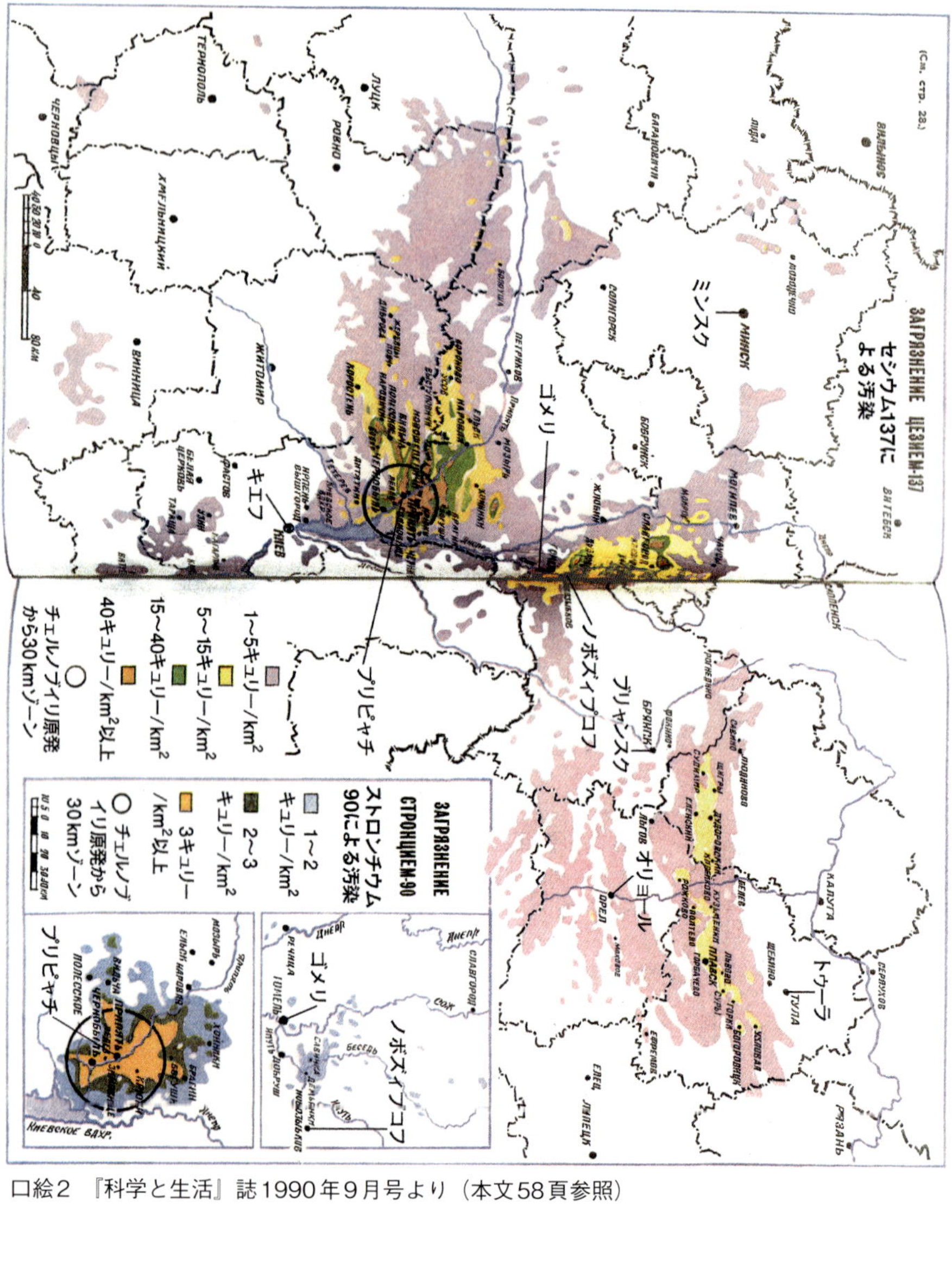


口絵２　『科学と生活』誌1990年9月号より（本文58頁参照）

# 新版 3.11とチェルノブイリ法

## 再建への知恵を受け継ぐ

尾松亮

東洋書店新社

# はじめに

チェルノブイリ原発事故は、今から約30年前、1986年4月26日午前1時24分に起こった。原発周囲30㎞ゾーンだけでも、10万人近い住民が強制避難させられた。原子力発電所の爆発により、放射性物質は、ウクライナ、ベラルーシ、ロシアを中心として広範囲に拡散し、今なお多くの地域で、土壌汚染の問題が続いている。まさに、20世紀に起こった最大の悲劇の1つであったといえる。

福島第1原発事故後、先例としての「チェルノブイリ」の経験は、私たちの関心をとらえ続けている。大量の放射性物質が拡散した状況で、人々が長期的に生活をするという事例は、人類史上ほとんどない。わずかな先例の中に手がかりを探るのは、当然のことだ。

福島第1原発事故は、チェルノブイリ原発事故と並ぶ「レベル7」と評価された。日本では、チェルノブイリ原発事故被災地で増加した甲状腺がんを未然に防ぐための対策が求められている。また、チェルノブイリ事故被災地に住む人々の苦悩や奮闘の姿は、さまざまなドキュメンタリー作品で伝えられている。チェルノブイリの経験をもとに、原発事故による被曝の影響や、実施すべき対策について議論することは、今後も続くだろう。

しかし、これまでの議論の中で、チェルノブイリ被災地で生きていく人々を支えるために築かれ、運用されている「制度」について、十分に注目されてきたとはいいがたい。

日本では今、原発事故被災地に住む人々や、避難者に対する長期的な支援や補償が求められている。そこでは、被災者に対して何をするか、ということとともに、どのようにそれを行うかの制度作りが急務である。だとすれば、やはり、チェルノブイリ被災地の制度を先例として参考にし、議論を深めていく必要があるのではないだろうか。

そう思っていたら、なんとその調査を自分が手掛けることになった。筆者の提案が通り、わが現研㈱現代経営技術研究所）による東日本大震災からの復興への貢献プロジェクトの担当として、２０１１年９月にロシアのチェルノブイリ被災地を現地訪問調査することになったのである。

チェルノブイリ原発事故では、支援の必要な被災地をどのように区画し、それは何を根拠にしたのだろうか。そこに住んでいる人たち、特に子どもたちはどんな支援を受けているのか？　被災地域から避難した人たちは、どうやって避難先で生活を再開したのか？　その人たちを助けるためにはどんな制度があって、どんな施策が行われたのか？　被災地の人々の声は、どのように制度作りに反映されているのか……知るべきことは多い。

また筆者は、チェルノブイリ被災地で被災者を支えている制度について調査すると同時に、その制度を定めた法律、「チェルノブイリ法」を詳しく検討することにした。制度を理解するには、まず「チェルノブイリ法」の法文を読み込み、この法律の根幹にある基本的な思想や、枠組みをおさえる必要がある。その上で、被災者の権利がどのように守られ、法律に定められた支援策がどのように実施されているのか、被災地の現場での、法律運用の実態を調査することが欠かせない。

現地調査は、ロシア西部ブリャンスク州のノボズィプコフ市を対象に選んだ。ノボズィプコフ市は、ロシアの被災地の中でも、特に汚染度が高い。本書が特に取り上げ、深く検討したいことは、ここの住民には、「移住する」か「住み続ける」かの選択権が認められている、ということである。この選択権、「移住権」が、チェルノブイリ被災地の住民を支える制度の最も重要な部分だと、筆者は考えている。この「移住権のある町」で、チェルノブイリ被災地の制度と、その運用の問題を探った。そして、チェルノブイリの経験を、日本の私たちがどのように引き継ぎ、生かしていけるのか考えてみた。

### ◉本書の内容

1章は、筆者によるブリャンスク州の訪問記である。ブリャンスク州は、ロシア国内で最も広い面積の汚染地帯を抱える地域だ。チェルノブイリ原発から約200㎞の距離がありながら、事故後の風向きと集中的な雨でホットスポットとなった。伝統的に、農業や林業を主要な産業としており、森林や農地の汚染が深刻な問題となっている。ブリャンスク州の被災地の状況から、事故から25年がたったチェルノブイリ被災地の様子を伝える。

2章では、チェルノブイリ原発事故後、「被災地」の範囲がどのようにして確定されたのか、汚染地図が公開されていく経緯に沿って説明する。「被災地」の範囲がまだ定められていない日本にとって、重要な参考例だ。

3章では、チェルノブイリ原発事故被災地の制度の土台となった「チェルノブイリ法」とは、どのような法律であるのか解説する。1991年に制定されたチェルノブイリ法は、事故収束作業者、避難者、住民を含む「被災者」の権利を定めている。チェルノブイリ被災地の制度を理解するには、制度の基本原則を定めたこの法律の中身を知る必要がある。

4章では、「チェルノブイリ法」成立の原動力となった市民団体、「チェルノブイリ同盟」について紹介し、被災者保護法が成立した経緯を明らかにしたい。原発事故収束作業者（リクビダートル）たちが中心となり、被災者の権利保護を求める運動が、チェルノブイリ法の制定につながった。ソビエト連邦末期の社会において、被災者の声がどのように政策形成の場に反映されたのか、そのプロセスを探る。

5章では、チェルノブイリ原発事故被災地で認められた「移住者の権利」と「居住者の権利」が、どのように保障されているのか、現地取材をもとに明らかにする。ノボズィプコフ市では、1991年以降チェルノブイリ法によって「移住の権利」が認められた。しかし、「移住の権利」が認められるまでの間にも、自主的に別の地域に避難した人々は多い。彼ら自主的避難者は、避難先での住居さがしや、就職の問題に苦しんだ経験を持つ。移住経験者たちの証言をもとに、「移住権」の必要性と移住支援制度の問題点について考える。

6章では、ノボズィプコフ市における、学校、病院、市民団体などの取り組みを紹介する。汚染度の高い地域に残りながら、より良い生活を目指し、住民支援に取り組んでいる人々だ。ノボズィプコフの住民たちの取り組みの中から、私たちが参考にできることは何か、そして汚染地域に残った人々が本当に必要としている支援はどのようなものなのか、考えたい。

7章では、調査をふまえて、日本における制度作りのために、筆者が重要と考える方向性を提案する。

現地調査と法律の検討を通じて、筆者が一貫して考え続けてきたのは、「移住の権利」という問題である。原発事故被災地に住むことによる長期的な影響を、正確に予測することは難しい。住み続けることを選ぶ人々、移住することを選ぶ人々、それぞれの選択の是非を問うことはできない。ただ、選ぶという権利は、保障されなければならない。被災地の住民も避難者も、事故前とは大きく異なる状況で生活再建に取り組むことを余儀なくされる。チェルノブイリ被災地の「移住権のある居住地域」という制度は、それぞれの選択に向き合う中で作られたものだ。

「チェルノブイリの制度」を、先例としてどう評価し、日本での制度作りにどのように生かしていくのか。考えながら読み進めていただければ、幸いである。

目次

# 第1章　ロシア・チェルノブイリ問題の中心地へ

チェルノブイリ原発事故による被災地を訪問するにあたって、最初から決めていたことがある。「人が住んでいる地域」を見てくることだ。被災地に住む人々が、どんな問題に直面し、どんな対策が実施されているのか。それが知りたいからだ。

原発周辺の30㎞ゾーン内に行けば、事故の起こった原発や、原発を覆うシェルターの状況を見てくることはできる。強制移住ですでに誰もいないプリピャチ市の風景から、原発事故の無残さについて、あらためて実感することもできるだろう。それも重要なことだ。

でもそこに、「住民支援」の問題はない。「住民」がいないからだ。

高度な汚染を受けながらも、人が住んでいる地域がある。そんな地域を見てくる。人が住んでいる地域。住民支援に関して、事故後25年の経験を持っている地域。

そこには、どんな人たちが住んでいるのだろう。どんな問題と戦って、25年を過ごしてきたのだろう。彼らは福島第1原発事故後の日本を、どんな風に見ているのだろう。

ロシアで一番高いレベルの「汚染地域」があるのは、最西部のブリャンスク州だ。さらにブリャンスク州の南西部には、集中的な雨と事故後の風向きの関係で、高度な汚染を受けた地域が多い。そこには、ロシアにおけるチェルノブイリ問題の中心地、ノボズィプコフ市がある。

## 1 ブリャンスク州を訪ねて

2011年9月13日に、筆者は、モスクワのキエフ鉄道駅から夜行列車で、まずブリャンスク市に向かった。夜行列車でモスクワを出発して、次の朝の4時30分には到着する。ブリャンスク州は、ウクライナやベラルーシと国境を接する。モスクワから約400㎞程度なので、東京～大阪間と同じくらいの距離である。

筆者は2000年代に留学と仕事で、延べ4年近くロシアで生活をしていた。しかし、ブリャンスクには行ったことがない。留学中に、モスクワから鉄道でウクライナのキエフに行ったことはあるので、その途中でブリャンスク州を通過していたのかもしれない。特にこれまで日本との経済交流があった地域ではない。行ったことがある日本人は少ないだろう。

モスクワに住むロシア人でも、大差はなさそうだ。モスクワの友人オリガは、「ブリャンスクって、それ、ベラルーシにあるの？」と言う。東京～大阪間とほぼ同じ距離でも、モスクワとブリャンスクの心理的な距離はずっと大きい。

ブリャンスク州の位置

モスクワで生活していて、ブリャンスクという地域が話題に上がることはほとんどない。とはいえ、２０１０年に日照りで森林火災が起こったときには、「ブリャンスクの汚染された森が燃えて、灰が放射性物質を運んでくる」と騒がれた。ほかに、モスクワの市場でブリャンスク産の木苺が規制を上回る放射性物質を含んでいたため、販売を差し止められたというニュースもあった。

「ブリャンスクで何をするの？」とオリガは聞く。「行政の担当者に話を聞く。それと被災地で、市民団体の人たちに会う」と言うと、「役所なんて行っても、役人はうそしか言わないよ」とオリガ。チェルノブイリ問題に限らず、ロシアでは役所は信用されていない。

22時50分、キエフ行きの列車が出発する。車掌にパスポートとチケットを見せ、「ブリャンスクに着いたら、起こしてほしい」と頼む。４人乗りのコンパートメントに身を押し込んで、折りたたみの寝台を整える。すぐに車内の電気は消えた。列車は走り出し、窓の外でモスクワの明かりが流れていく。

向かいの席には、若い母親と小さな男の子。携帯電話で父親に電話していた。「パパ。ヤ・チエビャ・リュブリュ。クレプカ、クレープカ・リュブリュ（好きだよ。だーいすきだよ）」。男の子が、暗闇の中で電話に話しかけている。

あれから、本当に25年たったのだ……。小学校へ行くとき、「雨をかぶらないように」と、母がレインコートを着せてくれた。1986年、筆者は8歳だった。「チェルノブイリ」という耳慣れない言葉。「ゴルバチョフショキチョウ」は、クラスではやった早口言葉だった。大人たちは、「放射能がふってくる」と騒いでいた。何のことかわからず、邪魔なレインコートはうっとうしく感じられた。

## 「英雄たちの前線」から「汚染の地」へ

ブリャンスク州は、モスクワから南西に約380km、ベラルーシやウクライナとの国境に位置する。行政中心地はブリャンスク市で、これは県庁所在地のようなものだ。州の総面積は約3万4900km²。

土地面積の40%が、松や白樺などの森林に覆われている。伝統的に林業、木材加工業などが、農業と並ぶ主要産業であった。

ブリャンスクの地は、歴史的に見ると、ロシア正教の儀式改革に反発した「古儀式派」の拠点であった。古儀式派は、弾圧されながらも、独自の儀式と信仰を守り続けた。皇帝の庇護を受けた正統派から追われた彼らにとって、森林の多いブリャンスクの地は、最適な隠れ家となった。

ロシアの西の国境に位置しているため、外からの侵攻を受けるのも、この地域であった。第2次世界大戦時には、まっさきにナチスドイツの侵攻を受け、祖国防衛戦の前線となった。ブリャ

朝のブリャンスク市。ホテルの窓から

ブリャンスク市。9月17日「町の日」

ンスク州には、祖国の勝利のために貢献した「前線地域」としてのアイデンティティがある。今でも、5月9日の戦勝記念日や、9月17日のブリャンスク市の「町の日」には、勲章をつけた功労軍人たちが集まり、町の人たちも参加して、パレードやコンサートが行われている。

1986年のチェルノブイリ原発事故で、ブリャンスク州南西部の広範な地域が、放射能汚染地域となった。ベラルーシで最も深刻な放射能汚染を受けたゴメリ州やモギリョフ州とは、国境をはさんで隣接している。「第2次世界大戦の前線」という誇り高き地域アイデンティティに、「汚染地域」というイメージが塗り重ねられた。

ロシア原子力エネルギー安全発展問題研究所の報告書「チェルノブイリ事故の社会・経済的影響」は、ブリャンスク州の被災地域における生活の変化や、心理的影響を分析している。これらの地域には、夏休みに子どもたちが訪れないようになり、高齢者ばかりが取り残された。また環境汚染のせいで、きのこ狩りや薪拾いなど、伝統的な自給自足の生活ができなくなった。このような地域では、企業や観光客の誘致も難しい。自然利用から食生活までさまざまな制限を受けるようになった。

## 州の3分の1を占める汚染地域

ロシア非常事態省のデータによれば、1986年の事故時に、ブリャンスク州内で放射能汚染を受けた地域の面積は、1万1800km²。これは、ブリャンスク州の総面積の3分の1に相当し、

ブリャンスク州内の汚染地域（1986年時点）

| セシウム137による土壌汚染度 | 居住区数 | 居住者数 |
|---|---|---|
| 3万7000〜18万5000ベクレル／$m^2$ | 765 | 23万9500人 |
| 18万5000〜55万5000ベクレル／$m^2$ | 264 | 8万8100人 |
| 55万5000〜148万ベクレル／$m^2$ | データなし | 15万4600人* |
| 148万ベクレル／$m^2$以上 | 25 | 2300人 |

*「55万5000〜148万ベクレル／$m^2$」レベルの汚染地域の居住区数・居住者数のデータは、ブリャンスク州保健局の資料には示されていない。ここに示す居住者人数は、汚染地域居住者総数から他のレベルの汚染地域の居住者数を差し引いた推計値である。
出典：ブリャンスク州行政府保健局資料

この地域に約48万4500人が住んでいた。当時のブリャンスク州の人口は約150万人なので、州人口の3分の1近くが、汚染地に暮らしていたことになる。

2011年現在、ブリャンスク州の汚染地域居住者数は32万5000人。その内6万人が未成年である。州人口の約4分の1が、汚染地域に住み続けている。

中央政府と非常事態省が5年に一度、汚染地域の範囲の見直しを行っている。「3〜4年前に最新の見直しがあり、一連の地域で汚染カテゴリーが引き下げられた。その際に、補償金を失うことを恐れた住民からの反発もあった」とブリャンスク州行政府の担当者は言う。

### 続く人口の減少

統計によれば、ブリャンスク州の人口は、事故前の1979年には150万8500人であった。それが事故後の1989年には、147万1000人に減少し、その後も人口の減少が続く。チェルノブイリ原発事故後15年近く

ブリャンスク州の人口推移

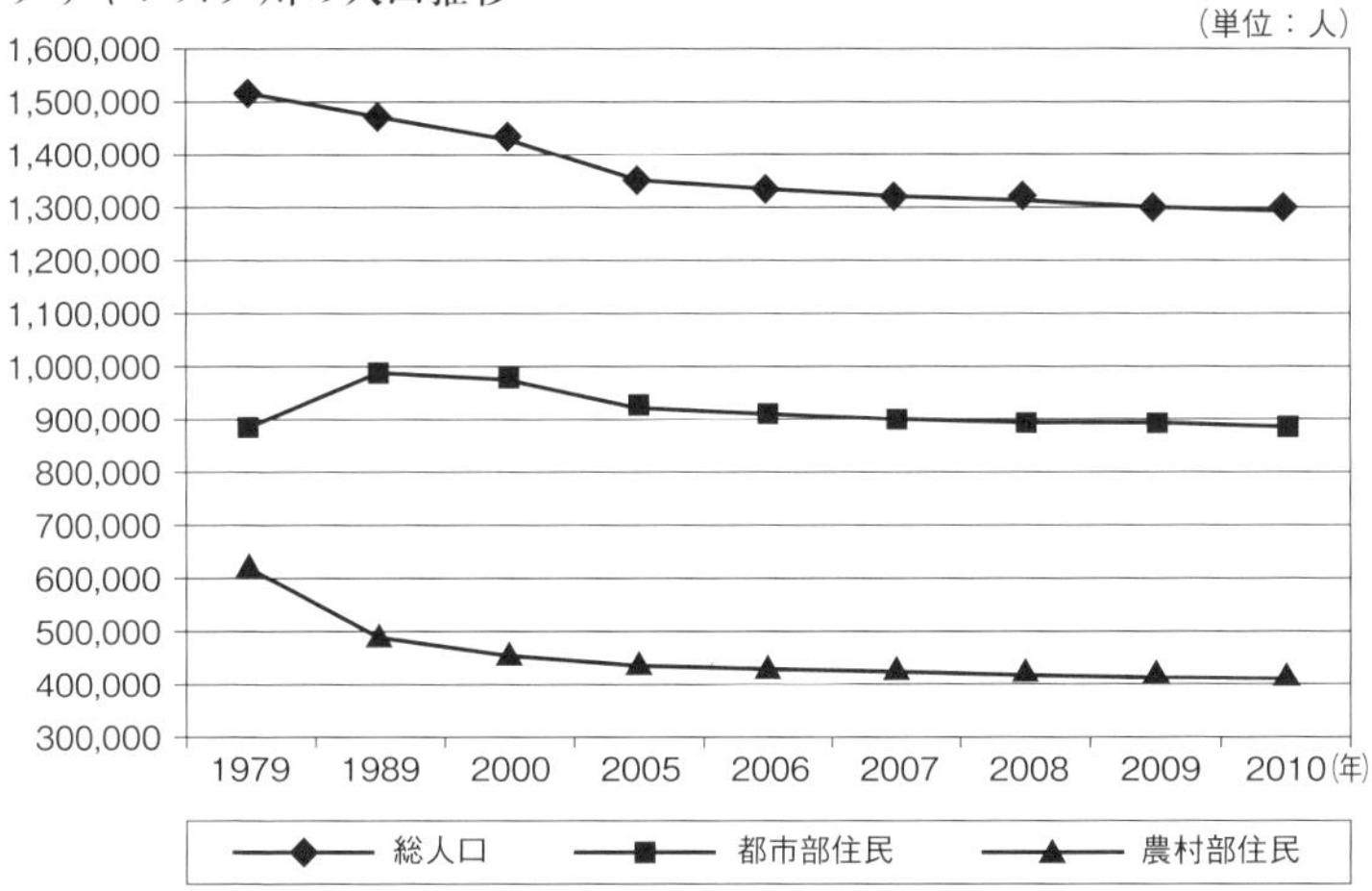


出典：連邦統計局ブリャンスク州支部

が経過した後にも、人口減少の傾向は収まっていない。

最近の10年の傾向を見ても、２０００年に１４０万人以上であった人口が、１３０万人を下回るところまで減少している。特に、農村部の人口比率の比重がもともと低かったが、さらに低下を続けている。

ただし、このデータだけをとって、ブリャンスク州で、特に人口の減少が激しいとは結論づけられない。

ロシアの中で人口が減っているのは、ブリャンスク州だけではない。シベリアや極東など、多くの地域で同じように、人口減少は深刻な問題となっている。州全体の平均値だけを見ると、同程度の人口減少が見られる地域は他にもある。

また、ブリャンスク州全体が「放射能汚染地域」ではないことも、考慮する必要がある。そこ

ブリャンスク市。人口は都市部に集中し、若者の流出が進む

で、汚染地域の多いブリャンスク州南西部の状況に注目してみたい。

事故当時（１９８６年）と比較して、州全体での人口減少率は11・7％である。それに対し、南西部では34・3％の人口減少となっている。南西部の汚染地域から、ブリャンスク州内の他の地域に移住した人々も多いと考えられる。やはり汚染地域が多いことが、ブリャンスク州南西部からの人口減少を促進しているのだろう。

またブリャンスク州は、都市部でも農村部でも、労働年齢（16歳）未満の人口の減少が激しい。労働年齢未満の人口が少ないということは、地域の将来を担う若者が、今後不足していくことを意味する。出生率が低下しているとともに、若年層の州外への流出が続いているのだ。

さらにブリャンスク州では、出生者数を死亡者数が大きく上回る傾向が続いている。つまり、人口の自然減が続いているのだ。人口１０００人当たりの死亡者数、出生者数をロシア全国平均と比較したのが次頁のグラフで

若年層人口の減少傾向

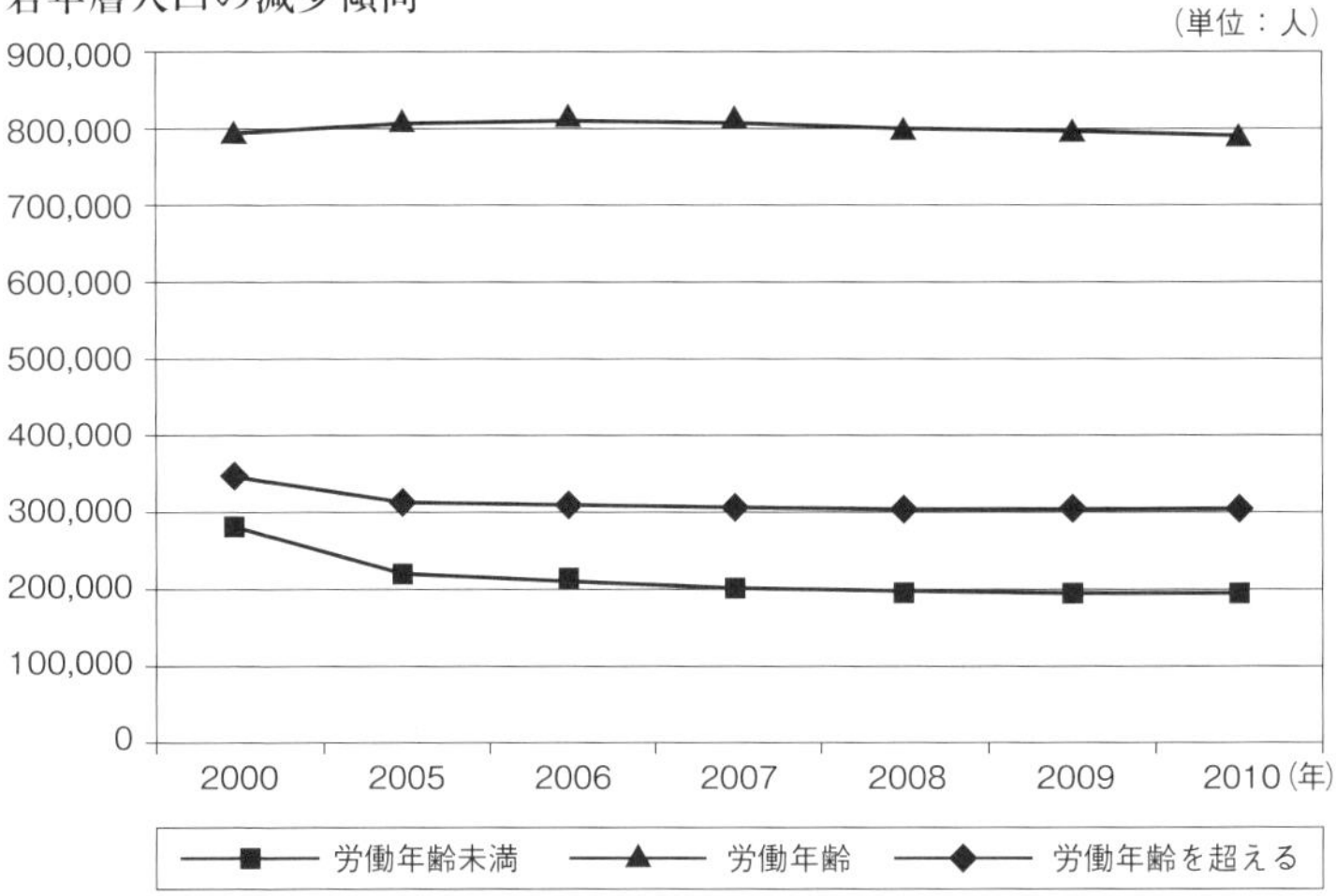


出典：連邦統計局ブリャンスク州支部

1000人当たりの出生者・死亡者数（全国平均との比較）

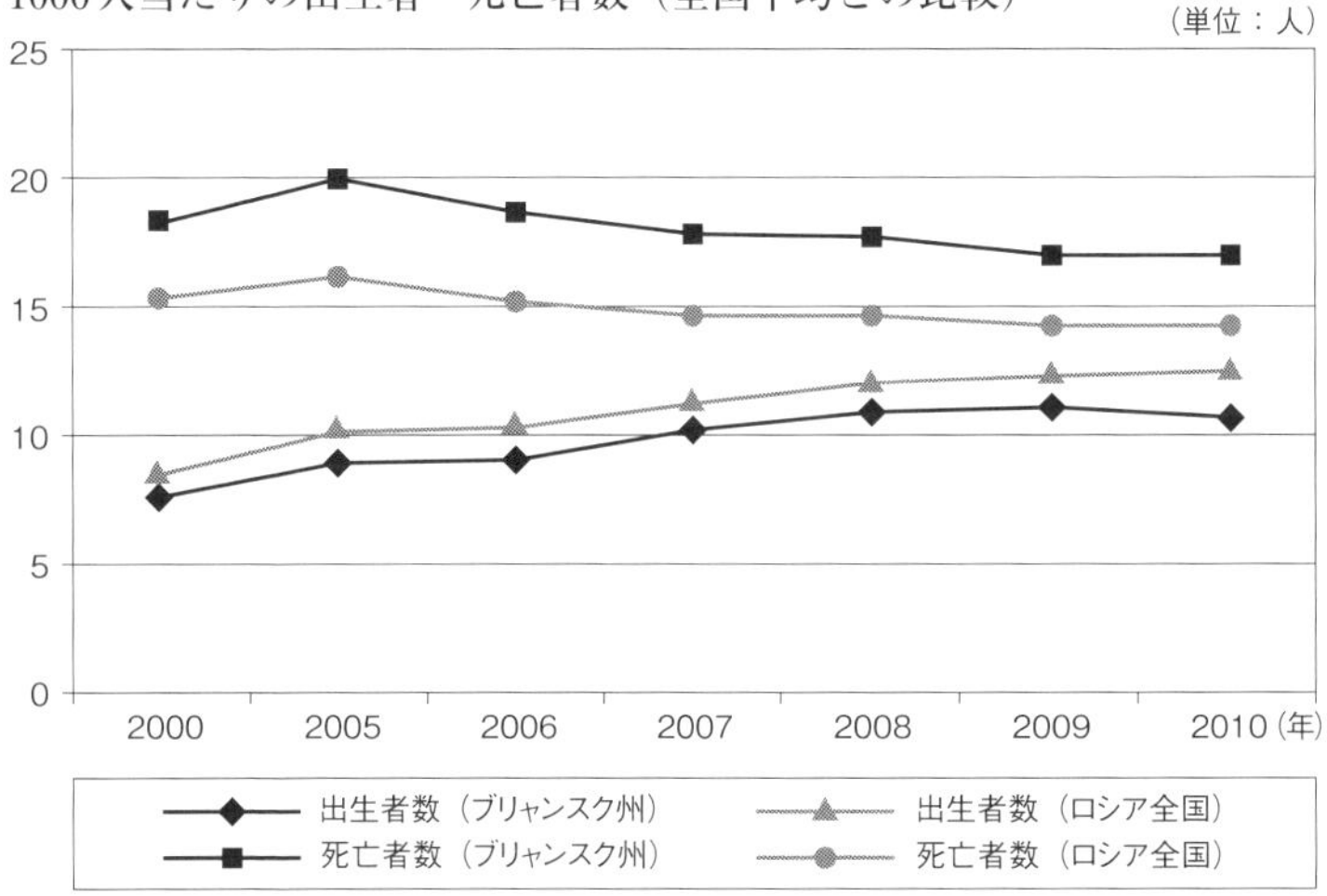


出典：連邦統計局ブリャンスク州支部

ある。

　グラフを見ればわかるとおり、ブリャンスク州は、全国平均よりも死亡者数が多い。そして全国平均よりも、出生者数が少ない。

## 疾病傾向に見られる異常

　ブリャンスク州における疾病件数（1000人当たり）も、同じように全国平均よりも多い。やはり放射能の汚染を受けた地域だから、健康被害が多いのだろうか。しかし、全国平均との比較だけで、ブリャンスク州が、特に病気の多い地域であると結論づけることはできない。

　ブリャンスク州よりも、疾病件数が多い地域はある。たとえば、同じ中央連邦管区という地域区分にはいるヤロスラブリ州のほうが、ブリャンスク州よりも疾病件数は多い。ただ、州全体の比較だけでは、目立った傾向はつかみにくい。

　そこでまた、ブリャンスク州南西部の高度汚染地域の状況に注目してみたい。やはりこの地域で、目立って病気が増えているのだ。1995年比で、州全体の疾病件数は1・4倍となっている。それに対して南西部では、2倍以上に疾病件数が増えている。

　ブリャンスク州保健局によれば、特に土壌汚染度が5キュリー／km²以上（18万5000ベクレル／m²以上）の汚染地域で、この傾向が目立つ。2010年のデータでは、この地域の成人の疾病件数は、州平均よりも40・2％多い。そして子ども（0～17歳）の疾病件数は、州平均より36

1000人当たりの疾病件数

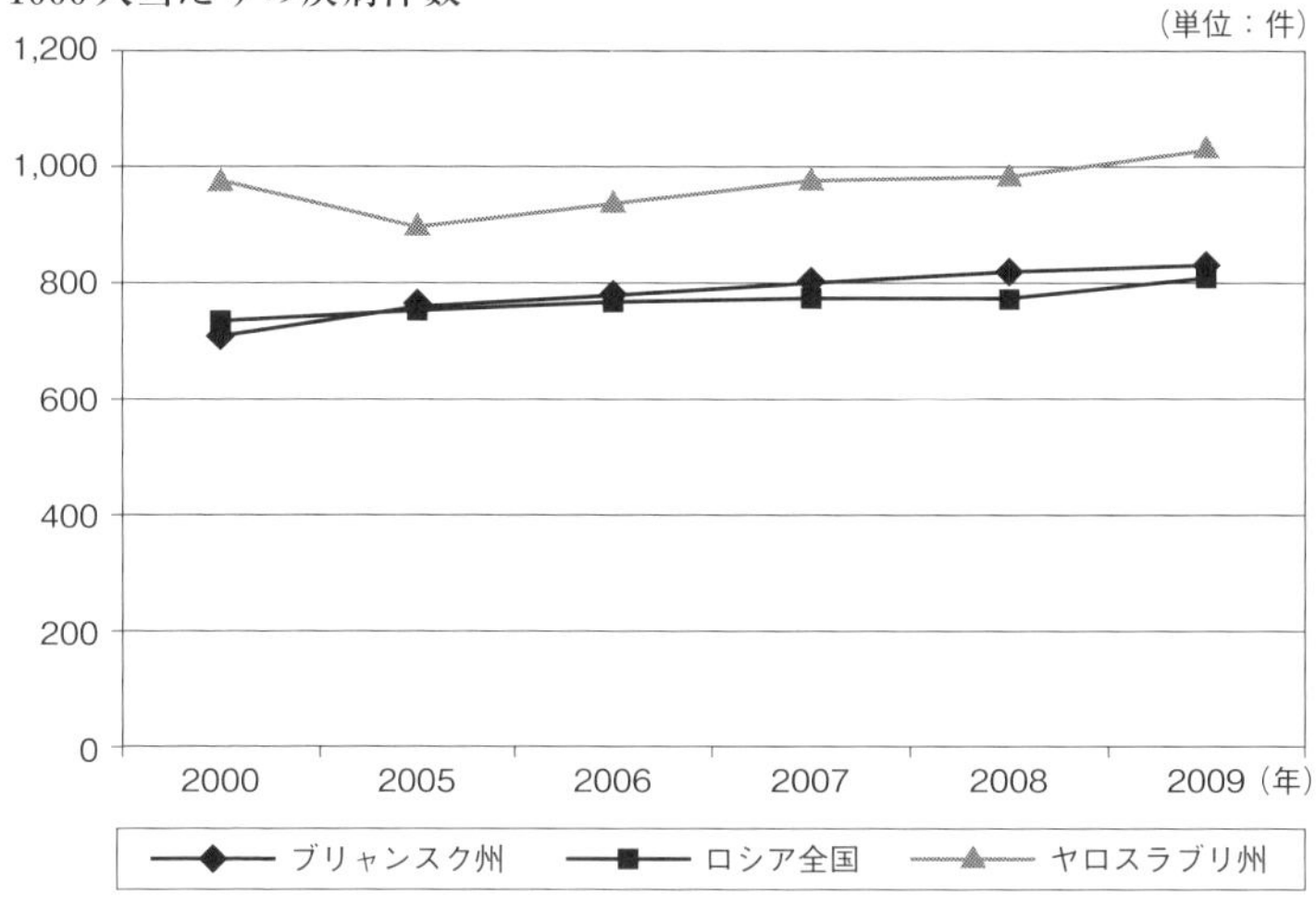


出典：連邦統計局

％多いという。これらの地域での、成人の疾病件数の増加は、１９９６年から見られるという。

特定の種類の病気が増えていることにも、注目しなければならない。ブリャンスク州で特に多いのが、脳性小児まひなどの神経系疾患と不整脈や心筋梗塞などの血液循環器系の疾患である。

ブリャンスク州では、特定の種類の疾病件数が、明らかに多い。しかし、これらの病気と放射能汚染の影響の因果関係を証明することは難しい。これらの病気の増加が、チェルノブイリ原発事故の結果によるものなのか、別の原因によるものなのか、現在まで議論が続けられている。

たとえば、ロシア科学アカデミー原子力安全発展問題研究所のＥ・メリホワ社会・心理問題研究科長は、放射能との関連を否定する。「ブリャンスク州における血液循環器系疾患の増加は、経済情勢の悪化と、それに伴うアルコール

1000人当たりの神経系疾患件数

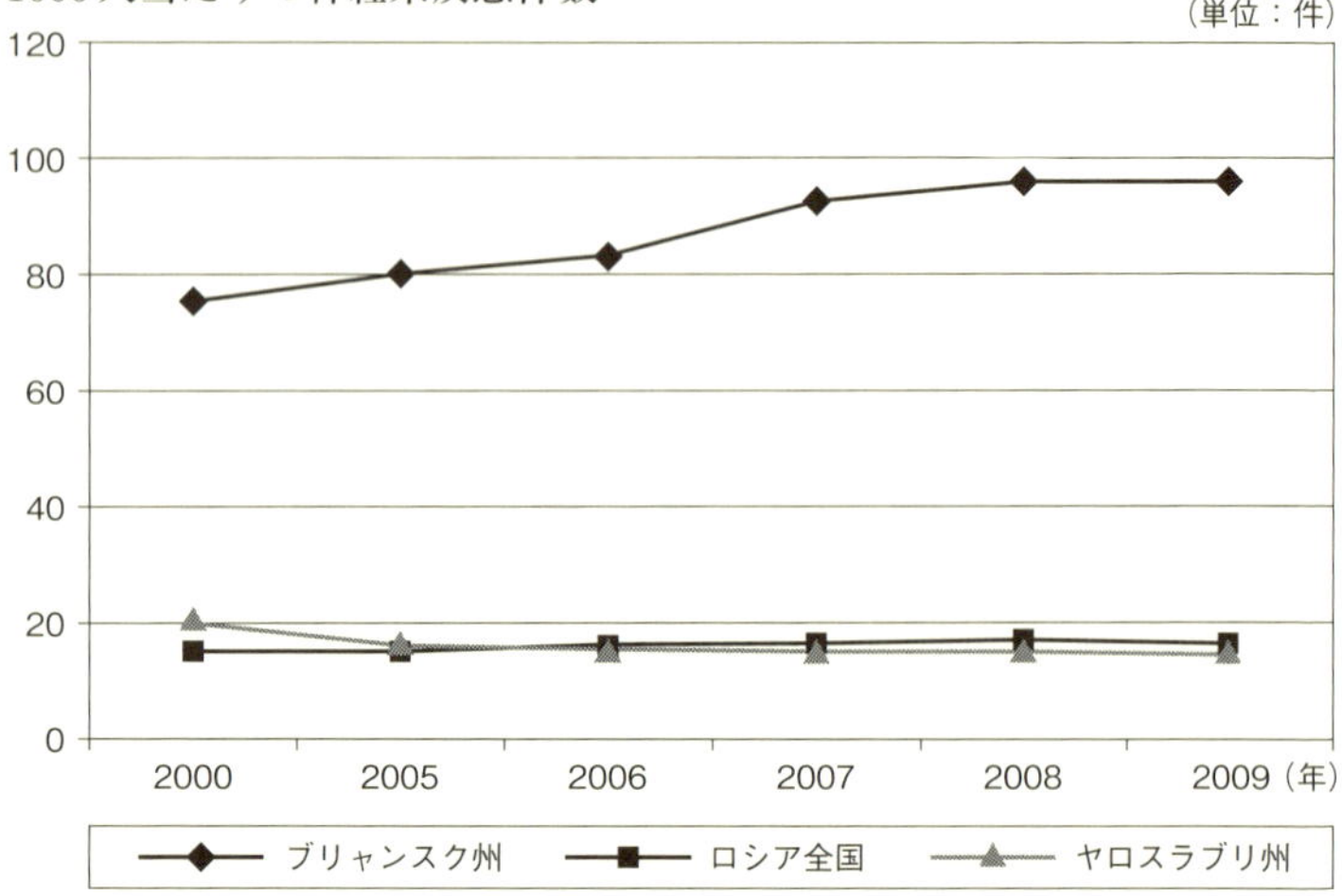


出典：連邦統計局

1000人当たりの血液循環器系疾患件数

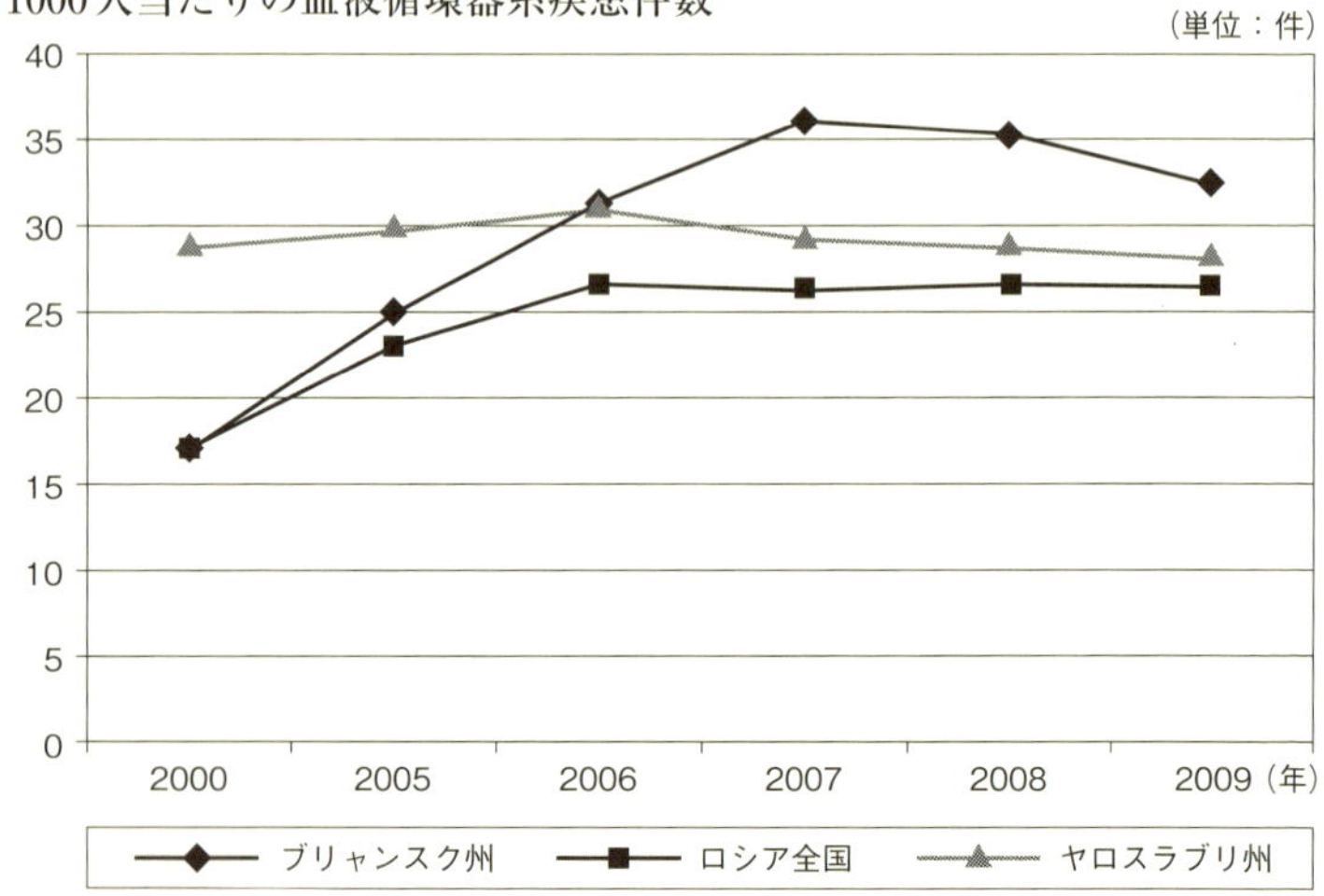


出典：連邦統計局

中毒の増加によるもの。放射能との因果関係はない」という。

しかし、ブリャンスク州の汚染地域に住む人々は、そうは考えない。州南西部ノボズィプコフ市の住民や、医療関係者数人に聞いたところ、「血液循環器系の疾患や神経系疾患の増加は、放射能汚染や被曝の影響によるもの」との考えを示していた。

現地の医師たちの意見は、事故後25年間の診療の経験に基づく。事故前と比べて、これらの病気に苦しむ住民が目立って増えているため、放射能汚染との因果関係を考えざるを得ないという。

左から2番目がE・メリホワ氏

しかし、これも経験論であり、放射能との因果関係を確実に証明することは難しい。そのことは、医師たちも認めている。
原発事故被災地における住民の健康の問題は、住民に対する補償の問題と密接に結びついている。ブリャンスク州、特に州南西部で特定の病気が増えているというデータがあっても、データの評価はさまざまだ。メリホワ氏のように「アルコール中毒のせい」と結論づける専門家もいる。また「定期診断が頻繁に行われているため、他の地域よりも検出数が多いにすぎない」とする専門家もいる。
チェルノブイリ原発事故後25年を経てもなお、病気と放射能の影響関係について、意見の対立がある。誰もが納得のい

主要被災地4州（ブリャンスク州、カルーガ州、トゥーラ州、オリョール州）の甲状腺がん件数の推移

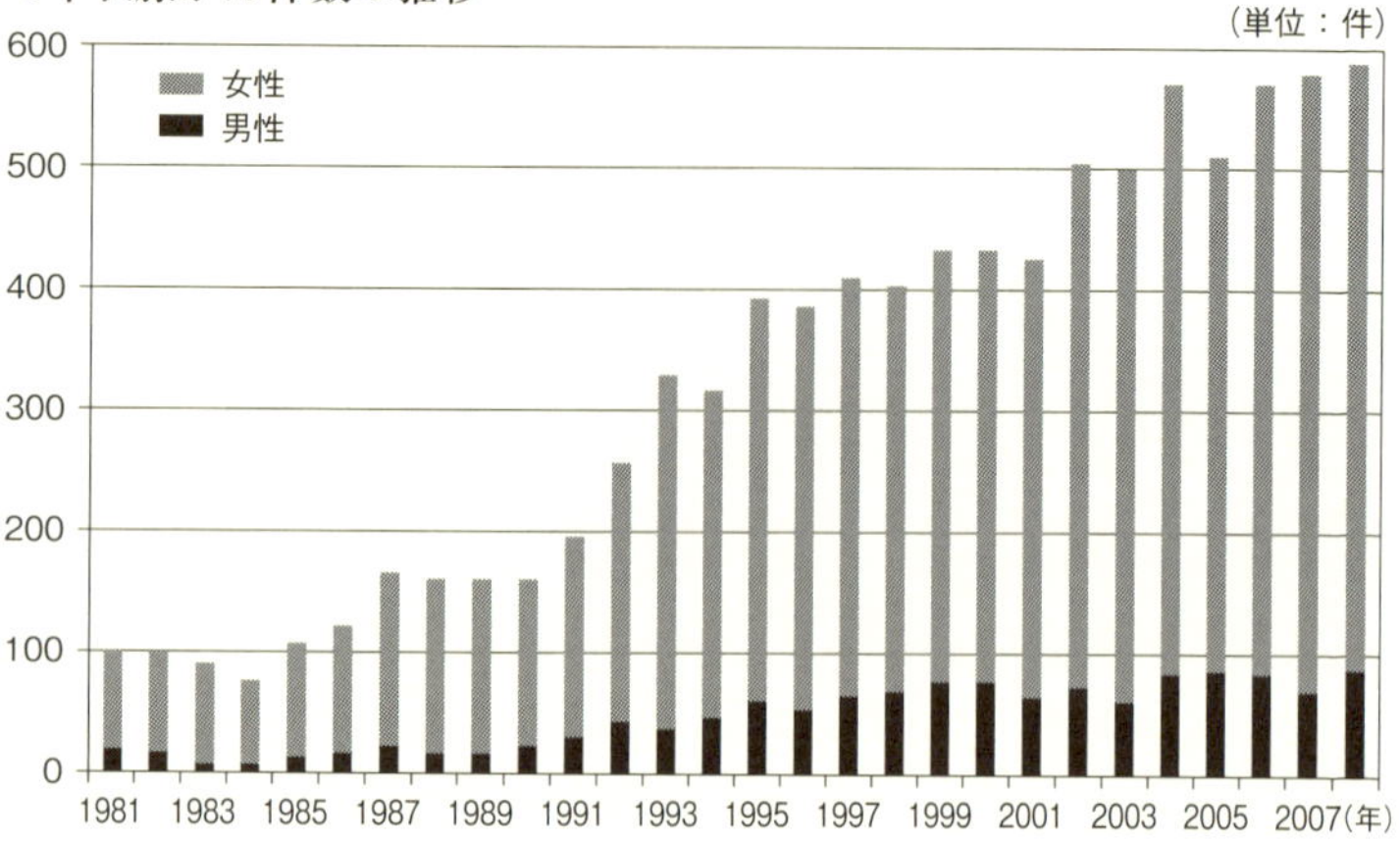


出典：ロシアナショナルレポート、89頁

く、最終的な結論は出ていない。

## 甲状腺がんの増加

その一方、被災地で甲状腺がんが増えていることは、明らかな事実として認められている。

上に示したのは、ロシアの主要被災地域における甲状腺がん件数の推移である。ここで主要被災地と言うのは、ブリャンスク州のほか、トゥーラ州、オリョール州、カルーガ州である。事故後5年を経た1991年頃から、急激に甲状腺がんの件数が増えている。

チェルノブイリ原発事故以前には、この4州の1年間の甲状腺がん件数は、平均して102件程度であった。それが1987年には、169件に増加している。原子力安全発展問題研究所の研究員たちは、他の病気と放射能の関係を認めなかった。しかしこの研究員たちも、

放射能の影響による甲状腺がん件数の増加は認めている。

甲状腺がんは、定期的なチェックを怠らず、早期発見ができれば、治療可能な病気である。ロシアでは汚染地域で、必ず年に1回、甲状腺診断を含む健康診断を行っている。しかしこのような義務的診断が、被災者の権利として定められたのは、事故から5年後のことである。そのための法整備に事故から5年を要し、重要な初期対応が遅れた。

逆に、日本の被災地では、すべての甲状腺がんを早期発見するための健康診断を、徹底しなければならない。原発事故後に甲状腺がんによる死亡者を出さないという結果を実現できれば、チェルノブイリの教訓を、正しく生かすことができたといえる。

## 2　ブリャンスク州の取り組み

9月14日午前4時30分過ぎに、列車はブリャンスク駅に到着した。到着よりも1時間も早く、目が覚めていた。久しぶりのロシアの夜行列車で、うまく眠れなかったこともある。行ったことのない町に行くときは、いつも妙にそわそわする。特に、チェルノブイリ原発事故による被災地を多く抱えるブリャンスク州だ。これから何があるのか。

駅を出ても、まだ薄暗い。この駅からブリャンスク市内のホテルまで行かなければならない。

列車の到着の時刻には、駅前で、いわゆる白タクの運転手たちが待ち構えている。「タクシー、タクシー」と声をかけてくる。

どこの国でもそうかもしれないが、タクシードライバーは、その地域の事情に詳しい。ロシアの地方都市では、こういう人たちの話から、住民の考え方や価値観の一部がわかったりする。

筆者の乗ったタクシーの運転手は、こちらが日本人だと知ると、「フクシマは大変だったね」と言う。「福島第1原発事故のことは、どのくらい報道されているんですか」とたずねる。「事故後の1~2カ月は、ひっきりなしにニュースで取り上げられていた。でも最近はあまり報道もないし、その後どうなっているのかわからない」とタクシードライバーは言う。

「ブリャンスクも、チェルノブイリ事故でひどい影響を受けたのでしょう? 食べ物とか、放射能とかの心配はないんですか?」と聞いてみる。

「食べ物は全部、放射線のチェックをしたものしか、店で売られていないから、怖がることはないよ。ブリャンスク市にいて、放射能を気にするようなことはないね」

「でも若い人たちが、どんどん外に出ていってしまっていると聞いたけれど」

明け方のブリャンスク駅

「仕事がないからね。みんな建設現場の仕事でモスクワに行くんだ。モスクワの給料はこっちの3倍くらいになることもある。モスクワで3カ月ぐらい働けば、こっちで半年生活できるんじゃないか。出ていったきりになるんじゃなくて、まあ、出稼ぎが多いね」

近隣のウクライナやベラルーシからの人々をのぞけば、外国人が来ることは少ないという。日本から何をしに来たのかと聞かれるので、「文化交流」などの目的で、行政の人たちと会うのだと言っておく。

「役人たちはどうしょもないよ。ドルドン。ドルドンだ」とタクシードライバー。

「ドルドン」という言葉の意味はよくわからなかったが、その口調から、「さげすみ」や「あきれ」が感じられた。ロシアの友人に聞いたところ、「ドゥルドーム」(「認知症の人々の施設」を示す蔑称)のことではないかという。

「役人なんかうそつくだけだよ」というオリガの言葉を思い出す。

ここまで行政と住民の信頼関係がなくなってしまうと、どんな住民支援ができるのだろう。

ブリャンスク州行政府の担当者と

対応してくれたのは2名の職員。A・ルィセンコ「チェルノブイリ原発事故放射能被災地域・被災者保護課」課長と、A・カルペンコ「ブリャンスク州建設・建築局主任コンサルタント(法務担当)」だ。カルペンコ氏は職務上、直接被災地域に行くことが多いという。

ホテルから車で、ブリャンスク州行政府の建物まで送ってもらった。行政府というのは、日本でいえば県庁にあたる。

予定では、翌日15日に副知事をまじえた会談が予定されていたが、中止になった。副知事が急遽退職し、副知事管轄の行事は中止となったという。副知事が定年で年金生活に入ることは決まっていたが、退職日の発表が突然であったとのことである。行政府内の連絡系統が機能していないのか。このような土壇場の変更やキャンセルは、ロシアでは珍しくない。

左がカルペンコ氏、中央がルィセンコ氏

行政府では、午前中いっぱい、この2人の担当者から、チェルノブイリ原発事故被災地の状況と、州の取り組みについて話を聞いた。

それでも、外国人に対して提供できる情報や、見せられるものの範囲は制限されている。規則上ということだが、行政府での会談中の写真撮影や録音は、許可されなかった。また行政府での会談中、タス通信（ロシア国営通信社）の記者が訪ねてきたが、ルィセンコ氏は受け入れを拒否した。日本からの訪問者が来ることは、事前にわかっており、取材をしたいということだったのではないかと推測する。

「被災地の問題の完全な解決はできていないが、住民のニーズには、おおむね対応できている。事故後25年経って、被災地で深刻な問題は生じていない」とルィセンコ氏は言う。

ブリャンスク州には、「希望すれば移住の支援が受けられる地域」がいくつかある。これらの地域から移住する人々への対応は、どうなっているのだろうか。

カルペンコ氏は、「移住問題はうまくいっている。住民に対する補償に問題はない」と語る。「年配の人々は移住後、慣れない環境で逆に健康を悪くしてしまうことも多い。そういう人たちは、もと住んでいた地域に戻ってきている。彼らは汚染地の環境に慣れてしまったので、もう健康上の危険はない」と言う。

一度移住した人々が、移住先になじめず、数年〜十数年後に戻ってくるというケースは、実際にある。そのような事例は、新聞の報道でも紹介されているし、実際に筆者がこの後訪問したノボズィプコフ市でも、そんな帰還者たちに会った。しかし「彼らは汚染地の環境に慣れてしまったので、もう健康上の危険はない」というのは、言い切りすぎではないか。汚染地域である以上、戻ってくる人々にも、健康上のリスクを考慮した支援が必要になるはずである。

ルィセンコ氏は、チェルノブイリ原発事故後の混乱について話しながら、「パニックを避けるためには、情報統制は必要だ」と言う。「『検閲』と呼ばれようが、そのほうが最終的に住民のためになる」と。

オリガの言うように、「役人の言うことは全部うそ」なのかは、分からない。けれど、2人の職員の話を聞いていて、「問題はない」ということを強調しすぎるように感じる。事故後25年経っても、土壌汚染度の高い地域があるのだ。ロシアの新聞では、移住を希望する人が手続きに長い時間がかかり、十分な補償を受けられていないケースも報じられていた。「問題ない」はずがない。もちろん、外国人に内情を包み隠さず話してくれることもないだろう。

だからといって、行政への取材や調査に意味がないとは思わない。公的な統計や資料を入手し、行政担当者の見解を聞いておくことは重要だ。その情報と、被災地住民の話とを突き合わせるのだ。2つの見解には、当然ずれがある。その「ずれ」から見えてくるものがある。

それに、話をしているうちに、担当者個人の感情や考え方が聞き取れることもある。

ブリャンスク州行政府の建物

行政府での会談の後、カルペンコ氏に招かれて一緒に昼食をとった。午前中のヒアリングでは、カルペンコ氏は一貫して「移住問題はうまくいっている。住民に対する補償に問題はない」と話していた。

昼食の席で担当業務の話になると、様子が変わってくる。自分の業務の具体的な話では、「うまくいっていない」ことへのグチもあるようだ。カルペンコ氏はブリャンスク国立大学卒の法務専門家で、毎月汚染地域を訪れて、住民からの訴訟に対応している。この日も昼食の後すぐに、ブリャンスク州南西部のいくつかの町を回ってくるという。簡易裁判に立ち会うのだ。ブリャンスク州の被災地では今でも、多くの訴訟や抗議がある。

特に多いのが、「移住者の財産補償額」をめぐる訴訟だ。移住者が汚染地域においていく不動産は国が買い受けるという制度がある。このとき、対象となる不動産は、市場価格に基づいて第三者の査定人が評価し、それを参考に補償額が決められる。その査定額に納得がいかない住民たちが訴訟を起こすのだ。

「リクビダートル（原発事故収束作業者）」認定の問題もある。原発事故の収束処理に携わり、一定の被曝を受けたと認められれば、比較的手厚い補償を受けることができる。申請しても認められなかった住民から、訴訟が起こる。証明や認定の手続きは、とても複雑になるという。

カルペンコ氏は、筆者よりも10歳ちかく若い。チェルノブイリ原発事故直後に生まれた世代である。自分が生まれる前に起こった事故の被災者からの訴訟に、あくせくと対応している。「被災地の住民支援には大きな問題はない」というのは、この若き地方公務員の本音なのだろうか。

### 地域経済復興の基本方針

「地域の除染と水道等のインフラ整備を通じて、経済活動の条件を作る。各地域でチェルノブイリ原発事故前の主要産業、主に農業の再開を目指すことが、復興の基本方針です」とルィセンコ氏は言う。

除染の方法については、取り除いた汚染土を貯蔵施設に保存し、貯蔵庫は除染対象地域から距離的に離れたところに設置しているという。広大な土地があるため、貯蔵施設の設置場所で、住民ともめることはなかったらしい。

農業生産が不可能であった土地で、除染の結果、輸出用のジャガイモを生産できるようになったケースもある。除染の効果はもともと肥沃な土地のほうが高く、土地によって異なるため、一概にどの程度の効果があったとは言えないとのことだ。除染の費用は、連邦予算および地方予算から出されている。

ブリャンスク州は、伝統的に農業・林業が主な産業であった。「市場供給前に農産品のチェックを徹底している」とルィセンコ氏は話す。しかし自家栽培の農産物や、行商が持ち込んで市場で売っている農産物まで、全部チェックがいきわたっているわけではないはずだ。こちらからそう指摘すると、「ブリャンスク州の農産物のうち自家栽培は1割未満だろう」とルィセンコ氏は答える。それでも、自家栽培の農産物が消費されていることは確かで、自家栽培の作物を通じた内部被曝のリスクはある。

ブリャンスク市にいると、確かに、住民が内部被曝を気にして食料品を選んでいる様子はない。タクシードライバーも言っていたとおりだ。ブリャンスク市の「町の日」のパレードで出会った女学生は、「汚染地域は遠いし、食品の放射能汚染は気にしていない」と言っていた。

汚染地域であることも影響してか、ブリャンスク州では企業誘致がうまくいっていない。ブリャンスク州には自動車のディーラーはあるが、自動車メーカーの工場はない。対照的に、隣のカルーガ州には、三菱自動車など外国メーカーの工場が集まっている。ブリャンスク州と外国とのやり取りは、隣接するベラルーシが主である。ウクライナとは隣接しているが、国同士の政治関係が複雑なため、それほど取引が盛んではないという。

### ブリャンスク州の復興プログラム

ブリャンスク州では、州行政府の主導で、被災地復興プログラム[1]が実施されている。まず2001年に、ロシア政府が「放射能事故被害克服」プログラムを採択した。これはロシア全国を対象とした、2010年までのプログラムだ。

2006年にチェルノブイリ原発事故後20年を迎えた。その時点でブリャンスク州では、追加で独自のプログラムを導入した。これは期間を2007年~2010年と限定したブリャンスク州だけのプログラムである。州内の被災地と住民生活の復興を目指すものだ。

被災地プログラムには、3つの方向性がある。

▼1　長期目的プログラム「チェルノブイリ原子力発電所事故の結果被災したブリャンスク州内の地域および住民生活の復興」

(1)被災地域における安全な生活条件を整えるために不可欠なインフラの整備
(2)医療機関および教育機関、公共サービス施設の建設
(3)原発事故収束作業参加者、放射線被害により傷病者となった市民に対する住宅の提供

このプログラムで、ブリャンスク市にがん診断・治療センターが建設され、州内各地の療養施設が増設された。そのほか、ガス供給・水道網の整備、被災地域の市町村には、地域復興のための補助金の支給が行われた。そして支援対象となる住民に、住環境改善のための補助が与えられた。住宅保障は、汚染地域の住民がより汚染度の低い地域に移住し、生活環境を整えるために欠かせない施策である。しかし希望する住民すべてに、十分な住宅保障ができているわけではない。

最初のプログラムの期間は2010年で終了し、さらに延長された。2011年現在は、2011年~2015年の期間を対象とした復興プログラムが実施されている。

新しいプログラムでは、特に汚染度の高い市町村での医療施設の建設や、大規模な改修が予定されている。筆者の訪問したノボズィプコフ市も対象になっている。このプログラムでは、被災地での学校建設も予定されている。そしてインフラ整備の方面では、ガス供給網・水道網の敷設が続けられる。

復興プログラムでは、病院や住宅の建設と並んで、ガス・水道網の整備が重視されている。ブリャンスク州では、土壌の汚染度が高い地域で、ガスや水道施設が整っていない場所も多い。

そのような地域では、住民が燃料として石炭や薪を使用している。薪や石炭を燃やすことで放射性物質が拡散する。また、汚染された水を使用することでの二次被害もある。水道・ガスインフラの整備は、二次被害拡大を防ぐための最重要施策の1つなのである。

2011年~2015年に、以上のプログラム実施のために、9億7439万2600ルーブル（2011年のレートで約25億円に相当）の予算が組まれている。

これらの支援策の内容について、住民はどの程度知らされているのだろうか。ルィセンコ氏は、「市町村のサイト、非常事態省の地方機関のサイト、各市町村の新聞を通じて、支援策や補助金の情報を伝えている」と言う。しかしインターネットサイトに情報を出しても、パソコンを持たない住民も多く、十分に行き届かない。非常事態省の地方機関では、住民が自由にインターネットを使えるようにしているそうだが。

## 3　ノボズィプコフ——ロシア・チェルノブイリ問題の「首都」

行政府職員たちと別れると、ノボズィプコフ市に電話をかける。

被災地の子どもたちの支援に取り組む市民団体「ラジミチ　チェルノブイリの子どもたちへ」の職員たちと会うことになっていた。この団体の創立者、パーベル・ブドビチェンコ氏は、福島第1原発事故の後、日本を訪問している。「チェルノブイリ被災地での経験を、日本に役立てたい」と語っている。

パーベル氏は、筆者に「ブリャンスク市ではなく、すぐにノボズィプコフに来るべきだ。被災地の問題は、ブリャンスク市ではわからない」としきりに勧めていた。被災地で住民支援に取り組む市民団体の立場と、役所の立場はいろいろな面で食い違う。何も知らない外国人が、役所でもっともらしいことばかり吹き込まれることを心配したのかもしれない。

被災地で住民支援に取り組んでいる人々は、理屈や法律で割り切れないさまざまな問題と格闘している。役所からは見えない現地の事情や、住民の感情をよくわかっていることだろう。

しかし調査にあたって、特定の立場に感情移入してしまうことは危険だ。自分も、原発事故後の不安の中にいる。被災地で苦しんでいる人々の声を聞けば、どうしてもそちらの気持ちに近くなる。日本からの訪問者を迎え入れてくれることには、行政であれ市民団体であれ、本当に感謝したい。しかし原発事故被災地の問題には、いろいろな感情や利害関係が複雑に絡みあっている。「どんなに親切にされようと、まずは特定の組織の立場に肩入れしない」と心に決めていた。

ブリャンスク市からノボズィプコフへは、「マルシルート・タクシー（コース・タクシー）」と呼ばれる乗り合いのミニバンで行くのが一番早い、とパーベル氏が教えてくれた。

## ノボズィプコフへの道のり

ノボズィプコフ市は、ブリャンスク市から200km以上離れている。左の地図では黒丸で示された地点が、ブリャンスク市である。ノボズィプコフ地区は、最も西の端に位置する地図で塗りつぶされた地域である。ノボズィプコフは、ブリャンスク市よりもむしろ、国境をはさんでウクライナやベラルーシに近い。

地図で見ても、ブリャンスク市からかなり離れた場所にあることがわかるが、実際にブリャンスク〜ノボズィプコフ間を移動すると、その距離が実感できる。ブリャンスク市のバスターミナルから、ミニバン型のタクシーに乗って約5時間、舗装状態の悪い道路を移動する。ブリャンスク市を出るとあたり一面、平原と森林地帯である。

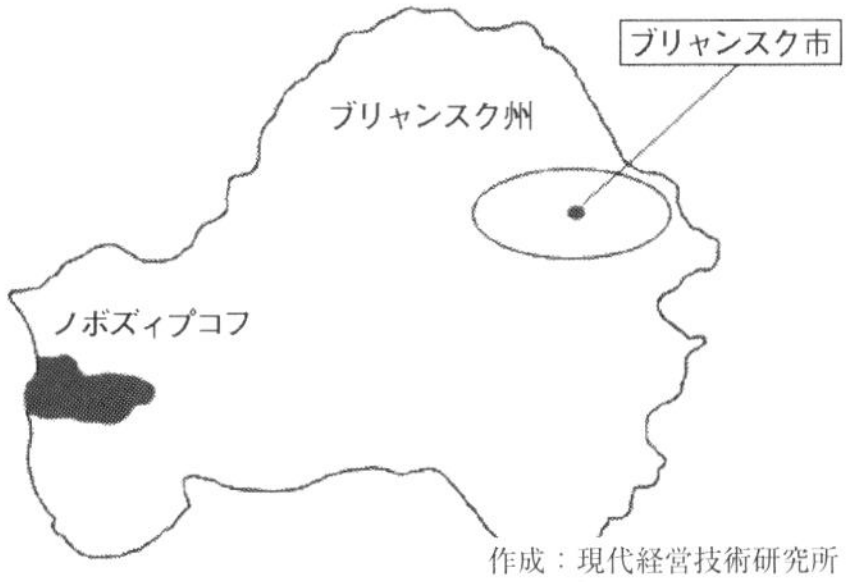

ノボズィプコフ市の位置

精密検査が可能な最新の医療施設は、ブリャンスク市にある。被災地域支援プログラムを統括する機関もすべて、ブリャンスク市にある。さまざまな補助申請の最終的な窓口も、そうである。

これらの機関のサービスが必要になる場合、ノボズィプコフ市やその周辺地域の住民たちは、この200km以上の道のりを行き来しなければならない。障害を持つ人々や病人でも、往復10時間近く、ミニバンに揺られて移動するのか。遠隔地であることの社

ブリャンスク市のバスターミナル

ブリャンスク市からノボズィプコフ市への道中

会的不利を実感させられる。

ブリャンスク州南西部は、交通インフラが未整備だ。都市のようなガス・電力網や水道網もない。このような地域では、住民は大都市のような公共サービスを受けることができない。このインフラの未整備が、放射能汚染の二次被害の拡大を招いた面もある。

ノボズィプコフへの道中、妙に焦げ臭いのを感じて外を見ると、平原に白い煙が上がっていた。この煙が何なのかわからなかった。後でノボズィプコフの人々にこの写真を見せてたずねてみると、近隣の地域からごみを持ち出して焼いているのだという。ガス・水道インフラだけでなく、ごみ処理場も足りていない。このようにしてごみを燃やした場所が、汚染度の高いスポットであれば、煙と一緒に放射性物質が拡散する。そうして風向きによっては、居住地に降ってくる可能性もあるのだ。

ごみ処理場の不足から、野焼きが横行する

除染は、土を削り取ることだけでは不十分だ。住民が飲み水や廃棄物、燃料などから受ける被曝を減らすためには、ガス・水道・ごみ処理など基本的な公共インフラの整備が不可欠である。

途中、小さな休憩地点で数分停車する。そしてまた、この舗装されていない道路を走り続ける。制限速度があるのかどうかも怪しいほどに、ミニバンは道路を飛ばしていく。ときどき「あとどれくらいですか」と運転手に尋ねる。だいたい「ノボズィプコフまで残り30分」くらいのところまで来たら、パーベル氏に連絡することになっていた。

## 平穏な町並み

ノボズィプコフのバスターミナルで、パーベル氏と落ち合った。パーベル氏は車で迎えに来て

パーベル氏

くれた。朝早い便でブリャンスク市を出たので、まだ昼過ぎだ。昼食をとってから、まずパーベル氏の市民団体の本部に案内してくれるという。

パーベル氏の車で市民団体の本部に向かう途中、町の風景を観察してみる。もちろん放射能は見えない。外目には、何も特別なことはない、普通の寂れた田舎町に見える。町では車や歩行者が、普通に移動している。何か脅威から身を守ろうとしているようには、見えなかった。

事故後25年経っているのだから、当たり前なのかもしれない。しかし、放射線量は他の地域よりも高い。それなのに、小さな子どもをつれて散歩をしている人々もいる。妙な違和感を覚えた。「被災地で、すでにそれほど深刻な問題はない」と言っていたルィセンコ氏の言葉を思い出す。

しかし何にせよ、判断するには早すぎる。この町で25

ノボズィプコフ市中心部へ続く道

年間、住民たちはどんな問題に苦しんできたのか。どんな住民支援がなされてきたのか。「福島第1原発事故」後の日本に対して、どんなメッセージやアドバイスをくれるのだろうか。聞きたいことはたくさんあった。

ノボズィプコフ市はどんな町か

ノボズィプコフは、モスクワから597km、ブリャンスク市から南西207kmに位置する。人口は約4万2000人で、ブリャンスク州の中ではブリャンスク市、クリンツィ市に続く、3番目の規模である。市の総面積は31・4km²。

1986年のチェルノブイリ原発事故の結果、ノボズィプコフ市は高いレベルの汚染を受け、後に退去対象地域（土壌のセシウム137濃度15キュリー／km²以上［55万5000ベクレル／m²以上］）に指定された。ノボズィプコフ市を、「ロシア・チェルノブィリ問題の首都」と呼ぶことも多い。

1992年には、エリツィン大統領（当時）が、主要被災地として、ノボズィプコフを訪問している。近郊には、汚染度が高すぎて人が住めなくなった地域もある。ノボズィプコフ市郊外の

ノボズィプコフ市中心部の広場

スビャック村は、強制移住対象となり、住民は退去させられた。

ソビエト時代には、ノボズィプコフ市の中心的企業は工作機工場や裁縫工場であった。当時は各工場で、1000人を超える従業員が働いていた。現在では溶接機械を製造する工場が、かろうじて営業を続けているだけになった。2007年には鉄道車両製造工場が設立されたが、その後の金融危機で操業が遅れている。

ノボズィプコフ市中心部の商業施設

町で唯一の製パン工場

上の写真はノボズィプコフ市内である。背景にある建物は、以前は裁縫工場であった。今では裁縫工場は閉鎖されており、2階より上は使われていない。1階の右側パラソルの奥にあるスペースは、「メガフォン」というロシア全国に展開する

ノボズィプコフ市の人口推移

| 年 | 1988 | 1992 | 2000 | 2002 | 2009 |
|---|---|---|---|---|---|
| 人口（人） | 47,000 | 42,400 | 43,638 | 43,038 | 41,900 |

出典：市紹介サイト http://www.novozybkov.ru/gorod/stat/ および『ノボズィプコフ――歴史・地誌』（2001年、ブリャンスク市）を基に作成。

携帯電話ショップ。その隣1階中央の店は、「チキンピザ」というピザチェーン店。製造業の再生は遅れており、町で生み出される雇用は商業部門ばかりというのが現状だ。

町には、1つだけ製パン工場が稼動している。ここで使用されている小麦は、汚染されていない地域から取り寄せたものである。ノボズィプコフの周辺で取れた穀物は、主に飼料用として使われているという。

## 人口の流出と流入

ノボズィプコフ市の人口は、やはり減っている。事故当時4万7000人以上であった人口が、2009年には4万2000人を下回っている。

とはいえ、単純に人口減少の一途をたどったわけではない。チェルノブイリ原発事故後、少なからぬ数の住民が他の地域へ移住した。しかし、一度去った住民の多くが、後にノボズィプコフ市に戻ってきている。

また1991年12月のソビエト連邦解体の後、一時期は旧ソ連諸国からの労働移民がノボズィプコフ市に入ってきた。外に出ていった住民と同じくらいの数の流入者がいて、ほぼプラスマイナスゼロの時期もあったという。

1991年、チェルノブイリ法で「放射能汚染地域」に認定されると同時に、居住者に対しては一定の補償金が支払われるようになった。その補償を求めて、旧ソ連の労働者がノボズィプコフに移住してきた例が多いという。ベラルーシやウクライナとも隣接しているため、特にそれらの国からの移住者が多い。

しかし長期的には、住民数の減少が続いている。訪問調査の際に出会った住民の多くが、地域の将来を担う若い人材の流出を問題視していた。

ノボズィプコフはいかにして被災地になったか

１９８６年4月26日に、チェルノブイリ原発事故が起こった。4月28日~29日、放射性物質を含む雨がブリャンスク州、ベラルーシのゴメリ州やモギリョフ州に降り注いだ。原発から北東２００㎞地点を中心に、「ブリャンスク~ベラルーシ・ホットスポット」が形成された。

4月28日、ノボズィプコフ教育大学の防衛課程主任セルゲイ・シゾフ氏は、放射能防護訓練実習中であった。「防衛課程」は学生が軍務を免除される代わりに履修が義務づけられる教科である。シゾフ氏は、実習中に計測器の数値が異常に高いことに気づいた。シゾフ氏はすぐに、市の国防局に通知した。

国防局と衛生局が協力して線量を測ったところ、アスファルト舗装道路で30~50マイクロシーベルト/時、土壌表面で50~80マイクロシーベルト/時を観測。道路わきの排水溝では、３００マイクロシーベルト/時まで上がった。4月28日の夜の時点で、この情報は近隣地域とブリャンスク州中央の機関に通知され、4月30日には、共産党の州執行委員会およびロシア保健省にも通知された。

しかし州や中央政府からは、何の勧告も出されなかった。そのため、ノボズィプコフ市衛生局が独自に、防護策を実施した。次のような措置が取られた。

・食品の放射線チェック（特に個人兼業生産の牛乳の使用禁止）
・水浴びの禁止
・湖や池からとれた魚の消費禁止
・飲料水源の管理

ノボズィプコフ市ではじめて放射線レベルの上昇に気づいたS・シゾフ氏

さらに、甲状腺の被曝から住民を守るためには、早急にヨード剤を支給しなければならない。市の衛生局および医療機関は、ヨード剤供給指示をブリャンスク州や中央政府に求めた。しかし、ヨード剤の支給が実施されたのは、事故後第3週になってからだった。甲状腺がんを引き起こす原因となる放射性ヨウ素の半減期8日間を、とうに過ぎていた。

5月中旬からは、住民に対する特別診断が行われた。当初は市と州の医療機関が診断を実施した。後にモスクワやサンクトペテルブルグの医療機関も参加した。チェルノブイリ原発事故後、ノボズィプコフ市を含む、786の居住区で「放射線厳格管理ゾーン」[1]が設定された。

## チェルノブイリ事故当時の町

ノボズィプコフが深刻な放射能汚染を受けた際、政府や行政の対応は遅れた。適時に情報公開がなされなかったために、健康被害が広がった、と批判する住民は少なくない。

「放射性ヨウ素対策が遅すぎた」と、セルゲイ・シゾフ氏は指摘する。

ノボズィプコフ市の市民団体「ラジミチ　チェルノブイリの子どもたちへ」の現代表者アンドレイ・ブダエフ氏は、事故当時、8歳であった。アンドレイ氏は、ノボズィプコフ近郊の村に住んでいた。アンドレイ氏の母は村役場で働いていた。彼女は住民よりも早く放射能汚染の状況を知る立場にあったが、住民には話さないように口止めされていたという。

パーベル氏によると、事故直後のノボズィプコフ市の状況は、次のようであった。「チェルノブイリ原発事故後、最初の1カ月は、移住は禁止されていた。住民より早く状況を知った役人たちは、自分の子どもたちをほかの地域に避難させた。その役人の子どもたちも、上からの命令で

▼1　汚染地域のうち、セシウム137の汚染度15～40キュリー／㎢（第2ゾーン）および40キュリー／㎢以上（第3ゾーン）が厳格管理地域とされ、複合的な制限防護措置が実施された。

もとの場所に戻された。住民たちの間に、パニックが起きないようにするためだ。1986年6月～7月にかけて、本格的に子どもたちや家畜の疎開が始まった。子どもたちは9月に新学期が始まるまで、夏の間中戻らなかった。その時期には、外に出ても人も動物もいなかった。町がからっぽになってしまったように感じた」

それでも、ノボズィプコフ市は「強制避難地域」にはならなかった。「汚染地域」であることを知った後も、慣れた地域に住み続けることを選んだ人々がいる。その一方で放射線被害を危惧して、自主的に町を出ていった人々もいる。1991年になって、「チェルノブイリ法」により、ノボズィプコフ市は、強制避難地域の次に汚染のひどい「退去対象地域」とされた。後で解説するように、「退去対象地域」では、希望すれば移住の支援が受けられる。「移住権」が認められるのだ。ノボズィプコフでは、この「移住権」を行使して、別の地域に移り住んだ人々も多い。

## 放射線量の状況：事故直後と25年後

ノボズィプコフ市では定期的に、定められた観測ポイントにおいて、放射線量のモニタリングが行われている。モニタリング結果は、新聞やその他のメディアで公表しているという。しかし市の公式サイトでいつでも見られる、という状況ではないようだ。

チェルノブイリ原発事故直後のノボズィプコフ市の平均放射線量は、50マイクロシーベルト／時にまで達した。最初の1年間での平均被曝量は、10ミリシーベルトであった。

ノボズィプコフ市の放射線量（2000年時点）

| 場　所 | 平均線量（マイクロシーベルト／時） | 最低〜最高線量の幅（マイクロシーベルト／時） |
|---|---|---|
| 菜　園 | 0.34 | 0.14~0.52 |
| 住宅の庭 | 0.31 | 0.11~1.72 |
| 住宅隣接道路 | 0.223 | 0.1 ~0.46 |
| 屋　内 | 0.15 | 0.08~0.35 |

出典：『ノボズィプコフ――歴史・地誌』（2001年、ブリャンスク市）46〜47頁

事故以降のノボズィプコフ市における放射線量の推移を示したデータを入手することはできなかったが、２０１１年現在の平均放射線量は０・45~０・５マイクロシーベルト／時と報じられている。[1]事故直後よりも、地域の平均放射線量はずっと下がっている。それでも、年間で3ミリシーベルトを超える外部被曝を受けうるという。

放射線量は、同じ町の中でも観測地点により大きく異なる。上の表は２０００年時点での、市内の複数のポイントでのモニタリングデータである。０・１~１・７マイクロシーベルト／時まで、大きな開きがあることがわかる。森の中には、さらに線量の高いホットスポットが数多く存在するという。

パーベル氏と仲間の教育者たちは、どうやってこのホットスポットに子どもを入れないか、ホットスポットで取れたきのこや木苺を食べさせないためにはどうすべきか、という課題に、長年取り組んでいる。

また、パーベル氏の団体は毎年、子どもたちを汚染されていない

▼1　２０１１年4月25日付ラジオ「ロシアの声」「ロシアのチェルノブイリ原発問題震源地で」

地域につれだして、保養をかねた合宿を行っている。これは、線量の高いノボズィプコフから一定期間外に出ることで、被曝量を減らすための取り組みの1つだ。

## ◉第1章のまとめ

ロシアで最も高度な汚染地域が集中しているのが、ブリャンスク州である。ブリャンスク州内でも、特に南西部の地域で汚染度が高い。この地域では健康被害も多い。ノボズィプコフ市は、まさにこのブリャンスク州南西部に位置する。

ノボズィプコフからは、強制避難はなされなかった。住民の大部分は、事故の後もこの地域に住み続けている。しかし事故後25年が経っても、放射線量は他の地域よりもずっと高い。放射能の影響とは断定できないものの、この地域で特定の病気が増えている。法律で定められた「移住する」という権利を行使して、ノボズィプコフから出ていく人々もいる。

生活条件を改善するために、ブリャンスク州では復興プログラムが実施されている。しかし住民たちの行政に対する不満や不信感は根強い。事故後の対応が遅れたために、取り返しのつかない被害を受けたと考える人々も多い。

ノボズィプコフで、希望すれば移住できるという制度は、住民にどのような可能性を与えたのか。

そしてどのような問題が、移住者を、そして住み続けることを選んだ人たちを悩ませているのか。

ノボズィプコフ市は「ロシア・チェルノブイリ問題の首都」と呼ばれる。これは大げさなネーミングではない。移住するか、とどまるか、住み続ける上で必要な支援は何か……。この人口4万数千人の小さな町に、原発事故被災地が負わされた問題が凝縮されている。

# 第2章「被災地」はどのように決められるか

原発事故の被害を受けた地域を、「被災地」と呼んできた。原発事故被災地に、物理的な境界線が引かれているわけではないが、ロシアやウクライナでは「チェルノブイリ原発事故被災地」と認められる地域と、そうでない地域がある。これは支援制度を作る中で、法律で被災地の範囲を決めたからだ。

その意味では、私たちが見ている「チェルノブイリ被災地」というのは、人間が作った制度なのである。「チェルノブイリ被災地とはどこか」という問題は、「どうやって『被災地』という枠を定める制度が作られたのか」という問題と、切り離すことができない。

ノボズィプコフ市は、「退去対象地域」というカテゴリーの被災地だ。ノボズィプコフ以外にも、ブリャンスク州には多くの「放射能汚染地域」がある。

しかしこれらの地域のすべてが、事故後すぐに「被災地」と認定されたわけではない。放射能汚染がどこまで広がっているのか、把握するのには時間がかかった。そして、「どこまでを被災地として認めるのか」という問題に、すぐに結論は出なかった。

チェルノブイリ原発事故後、数年のあいだ、「被災地」の範囲について共通理解はなかった。たえず、「どこまでが被災地なのか」という議論が続けられてきた。そして実は、事故後30年になろうとする現在にいたるまで、「どこまでを被災地と認めるか」という問題に、誰もが納得のいく答えは出ていない。

この章では、チェルノブイリ原発事故被災地で「汚染地域」の範囲が定められていった経緯をみていきたい。制度上の観点から、「汚染地域」確定のプロセスをみると、次の3段階がある。

(1)1986年4月26日の事故後、避難対象地域として30㎞ゾーンが設定された。
(2)事故後数年かけて、30㎞ゾーン外の汚染状況が公表された。
(3)事故後5年を経て、1991年にチェルノブイリ法が採択され、「汚染地域」の基準が法律で決められた。

ここで明らかにするのは、「チェルノブイリ被災地」はどこなのか、という問題の、あくまで制度上の側面である。つまり、ロシアが自国で、どこまでを「被災地」として認めたかである。もちろん、ロシアの「被災地」範囲のとらえ方が、唯一正しいわけではない。もっと違う「被災地」のとらえ方もあるだろう。しかしここではまず、前例として、主要被災国であるロシアが「被災地」の範囲をどう確定していったのか、そのプロセスを理解したい。

福島第1原発事故後、私たちの社会が直面しているのも、「どこまでを被災地と認めて支援・補償するのか」という問題である。被災地の範囲確定や分類は、住民支援や避難者への補償の前提となる。チェルノブイリで「被災地」が確定されるまでのプロセスで、どんな問題が生じているのか、先例を知ることで、多くの問題を先取りすることができるはずだ。

## 1 「30㎞ゾーン」の形成

「チェルノブイリ被災地」と聞いて、まず思い浮かべるのは、原発周辺の「30㎞ゾーン」ではないだろうか。原子炉の爆発により、周辺地域では大量の放射性核種が降り積もり、放射線量がきわめて高くなった。事故後30年をむかえる現在も、このゾーンでは一般住民が住んではいけないことになっている。

30㎞ゾーン内の自然環境や、原子炉を覆うシェルター「石棺」の外観は、優れた写真家たちの仕事を通じて見ることができる。人の住めなくなったプリピャチ市の風景は、映画『ホワイトホース』や『プリピャチ』の中で物悲しく、そして無残な様子で描き出されている。

詳しくは後で解説するが、「30㎞ゾーン」は法律上、「疎外ゾーン」と呼ばれる。「疎外ゾーン」は、最高度の汚染地域と位置づけられている。

30㎞ゾーンからは、全住民が強制避難させられた。しかし1986年4月26日のチェルノブイリ事故後、すぐにこの30㎞のラインが引かれたわけではない。

2011年発行のロシア連邦非常事態省のレポート[1]（以下ロシアナショナルレポートと呼ぶ）を参考に、30㎞ゾーンが確定されるまでの経緯をたどってみたい。

## プリピャチ市からの避難決定

チェルノブイリ原発事故は、1986年4月26日午前1時24分に起こった。原発に隣接するプリピャチ市では、生命の危険が懸念されるほどに放射線量が高まった。そして政府は、プリピャチ市の全住民を避難させることを決定した。

プリピャチ市の住民避難は、当時の放射線防護基準[2]に基づいて決定された。この基準に従えば外部被曝量が一定の水準（0・75グレイ[3]）を超えうる場合に、住民の避難が必要になる。4月27日夕方近くには、まだこの基準には達していなかった。しかし達する可能性があると認められ、避難が決定された。

プリピャチ市は、チェルノブイリ原発から3㎞の発電所城下町である。事故が起これば、早急

---

▼1 ロシアナショナルレポート『チェルノブイリ事故25年――ロシアにおける被害克服の総括と展望 1986〜2011』ロシア連邦非常事態省、モスクワ、2011年

▼2 「原子炉事故の事態における住民防護措置に関する決定採択のための基準」

▼3 アルファ線では、1グレイ＝20シーベルト、ベータ線とガンマ線では、1グレイ＝1シーベルトと換算できる。

に住民を避難させるのは当然であるはずだ。しかし避難が実施されたのは、事故から1日半近く経ってからであった。

## 1日半のロス――遅れた避難

ロシアナショナルレポートによれば、事故当時、プリピャチ市の住民数は4万7000人。そのうち、子どもが1万7000人で、自力で避難できない病人は80人だった。

事故が起きたのは、4月26日の午前1時24分。そこから約1日半たって全住民の避難が実施された。適時に屋内退避指示が徹底されなかったため、多くの住民は、この時点ですでに高いレベルの被曝を受けていた。放射性ヨウ素による被曝の対策も遅れた。これが後に、住民の間に甲状腺がんの増加を引き起こす原因となった。

プリピャチ市からの住民避難は、次のようにして行われた。

・27日の正午近くに、1200台以上のバスと約200台の貨物車が用意された。さらにプリピャチ市近郊のヤノフ鉄道駅に、1500席分のディーゼル列車が用意された。
・13時10分に、プリピャチ市の執行委員会から、ラジオで避難を実施することが告げられた。
・13時50分に、住民が住宅の入り口に集められ、14時00分にバスへの乗車が始まった。

・バスや貨物車に乗せられた住民は、キエフ州[1]内の除染施設に運ばれ、そこから避難先の村々に送られた。

こうして4月27日の16時30分には、プリピャチ市からの避難は実質上完了した。この時点で4万9360人[2]がプリピャチ市から避難した。

同日、近郊のヤノフ駅から254人が避難した。さらに3日後には、原発から4kmのブラコフカ村から226人が避難している。

## 段階的避難と「30kmゾーン」の確定

しかし、住民の避難は、プリピャチ市とその近郊だけではすまなかった。原発事故はまだ収束していない。当然のことながら、放出された放射性物質はプリピャチ市の外にも広がっていく。

5月1日の深夜から5月2日にかけて、さらなる避難の必要性が検討された。

最悪の場合、原子炉の爆発により、放射性核種の大量放出が繰り返されるかもしれない。その場合、より広い地域で住民の生命が危険にさらされる。少なくとも「30kmゾーン」からの全住民避難が

▼1　ウクライナの首都キエフ市を含む行政区分。プリピャチもチェルノブイリもここに入る。
▼2　住民だけではなく、他の町からチェルノブイリ原発など、プリピャチ市の施設に働きにきていた人々も含む数字と解釈できる。

必要であることがわかった。そして、5月2日に発電所周囲30㎞ゾーンからの避難が決められた。

この決定に基づき、5月2日から数日間で、2段階に分けて「30㎞ゾーン」からの住民避難が実施された。チェルノブイリ原発から30㎞同心円の線を引くと、ウクライナ北部とベラルーシ南部の幅広い地域が含まれる。


〈30㎞ゾーンからの避難第1段階〉

5月2日18時〜5月3日19時まで、原発周辺10㎞ゾーンから9864人が避難させられた。

5月5日には、原発から15㎞のチェルノブイリ市から1万3591人が避難させられた。

〈30㎞ゾーンからの避難第2段階〉

5月2日〜7日にベラルーシ側で、51の居住区から1万1358人が避難させられた。

5月3日〜7日にウクライナ側で、42の居住区から1万4542人が避難させられた。


1986年5月8日時点で、避難者総数は9万9195人となった。

避難が遅れたのはなぜか
プリピャチ市からの避難は、4月27日に行われた。30㎞ゾーンからの避難が始まったのは5月2日。事故から6日近く経過していた。なぜすぐに30㎞ゾーン全体の避難を始めなかったのだろうか？

本格的に避難が決定されたのが5月2日であったのは、偶然ではない。5月1日は、ソビエト連邦にとって重要な祭日、「メーデー」である。チェルノブイリ原発から約100㎞には、ソビエト連邦ウクライナ共和国の首都キエフがある。キエフの当時の人口は数百万人。さらにメーデーを祝うために、多くの人々がキエフに集まっていた。チェルノブイリ原発もプリピャチ市も、キエフ市と同じキエフ州にある。メーデーを前にして、同じ州内で10万人近い住民を強制避難させたらどうなるか。当時の政府は、キエフ市に集まった人々の間に大混乱が起こることをおそれたのだろう。

しかし、どのような判断があったとしても、30㎞ゾーンからの住民避難は遅すぎた。甲状腺がんの原因となる放射性ヨウ素の半減期は8日間。30㎞ゾーンからの避難が完了するまでに、事故から11日が経過している。

いずれにせよ、このようにして30㎞ゾーンは形成された。この範囲は、後に法律で「疎外ゾーン」と位置づけられる。この地域では、いまだに定住することも、許可なく立ち入ることも許されない。チェルノブイリ原発事故が起こってから6日後、明確な境界線をもつ「被災地」の1つが、地図の上に出現した。

しかし、実際の汚染地域は、30㎞の境界線を超えて広がっていたのである。

## 2 広がる被災地と汚染地図の作成

30㎞ゾーンは設定された。しかし、これで「被災地」が確定されたわけではない。福島第1原発事故の例からも明らかだが、放射性物質は、原子力発電所の周囲に均等に広がるものではない。30㎞ゾーンを設定しても、その円の外に高いレベルの汚染を受けた地域が見つかる。これは放射性降下物の拡散する方向や範囲が、事故時の風向きや、雨・雪などの影響を強く受けるためだ。

本書巻頭に、チェルノブイリ原発事故により、放射能汚染を受けた主要被災国（ロシア・ウクライナ・ベラルーシ）の汚染地図を掲載した（口絵1）。この地図は、ロシアナショナルレポート『チェルノブイリの悲劇――ロシアにおける被害克服の総括と問題　1986～2001』に掲載されている。1995年の時点の状況を示した地図とされる。赤い色が濃い地域ほど、セシウム137の土壌濃度が高い。この地図を見ればわかるとおり、チェルノブイリ原発周辺に濃い赤（40キュリー／㎢以上）が集中している。それだけでなく、原発から離れて北東の方角にも、濃い赤色が広がっている。ノボズィプコフ市のあるブリャンスク州南西部も、この北東ホットスポットに位置する。

ロシアにおいて土壌汚染度は、キュリーの単位で示される。1キュリー＝370億ベクレルの換算である。1キュリー／㎢は、1㎡あたり3万7000ベクレルに相当する。そのため、日本でチェルノブイリ関連の報道をするときは、ベクレル／㎡で示すことが多い。しかし、これはあくまで便宜的な書き換えである。チェルノブイリ被災地で「平方メートル」単位まで細かく汚染状況が把握できているわけではなく、当然、汚染地域全域を㎡単位で細かく示した地図もないからである。

このように、30㎞ゾーンを超えて、遠くまで汚染は広がっていた。しかし事故後数年の間、30㎞ゾーン外の汚染状況を広範囲に示した地図はなかった。広範囲に及ぶ汚染状況の把握には、時間がかかった。また当時のソ連では、調査データがすみやかに公表されたとはいえない。

汚染地図は段階的に公表され、当初は予測していなかった地域も、汚染地域であることが明らかになっていく。住民にとっては、青天の霹靂《へきれき》だ。自分の住む地域が、突然「被災地」であることが分かるのだから。いずれにしてもそうやって、「どこまで被災地が広がっているのか」についての、地理的なイメージが共有されるようになっていく。

では、公的なレベルでは、どのように汚染地の範囲が認識されていったのだろう。汚染地図が作成され、公表されていく経緯を見てみたい。

### 30㎞ゾーン外の追加避難地域

前節で解説したとおり、30㎞ゾーンからの住民の避難は、5月7日には完了した。

しかし30㎞ゾーン外にも、住民の被曝量がきわめて高い地域があった。ロシアの研究者、ジョレス・メドベージェフによれば、「八六年五、六両月、さらにひどい汚染地域（一次、二次汚染により）が退避地域の西、北、北東そして北西方向にあることが判明した」（ジョレス・メドベージェフ『チェルノブイリの遺産』）。1986年5月14日~9月にかけて、それらの地域から追加的に住民が避難させられた。

しかし、追加避難の対象になったのは、ほぼ「30㎞ゾーン」周辺の地域だけだった。100㎞以上離れたホットスポットへの対応は遅れた。「事故後最初の数カ月は、発電所から離れた地域の放射線状況の深刻さには、十分な注意が払われていなかった」とロシアナショナルレポートは認めている。

1986年8月に、「一連の居住区の追加避難」決議（ソ連閣僚評議会）が採択された。この決議に従って、1万7122人が追加で避難させられた。このうち186人は、チェルノブイリ原発から100㎞以上離れたブリャンスク州クラスノゴルスク地区（ロシア）の住民で、避難は8月中に行われた。同地区は、事故時の雨により、集中的な汚染を受けた地域である。

この追加避難が行われた時点でも、30㎞ゾーン外の詳細な汚染状況は公表されていなかった。しかしクラスノゴルスク地区のように、原発から遠い地域でも追加避難措置が実施され、「被災地」は30㎞ゾーンよりもはるかに広いことが分かっていく。

## 公開の遅れる広域汚染地図

すでに触れたとおり、事故後最初の数年間は、30㎞ゾーン外の汚染地域を幅広く示したマップはなかった。「八六年八月、ウィーンのＩＡＥＡ国際会議にソ連側が提出した報告書の地図は、チェルノブイリ周辺のもので、非常におおざっぱでどちらかというと稚拙なものでしかなかった」(『チェルノブイリの遺産』)とメドベージェフは指摘する。状況の把握が遅れ、十分な防護策ができなかった地域も多い。

また分かっていた情報も、適時に住民に公開されていない。実のところは、事故後数日で30㎞ゾーンよりもずっと広い範囲での放射線状況が観測され、地図が作成されていたらしい。「近隣地域（事故現場から１００㎞ゾーン）の最初の完成された地図は、ソ連水文気象・自然環境監視国家委員会によって、すでに１９８６年5月2日に政府委員会に提出された」と、１９８９年3月20日の『プラウダ』紙には書かれている。この「政府委員会に提出された」という地図は、その時点で住民に公開されていない。

詳しい汚染地図が住民に公開されるようになったのは、事故後数年たってからである。新聞や雑誌を通じて、汚染地図が少しずつ公開されていった。その地図を掲載した当時の新聞資料を見てみたい。

## 1989年の汚染地図公開——次々に明らかになる汚染地域の広がり

広く一般住民に「30㎞ゾーン外」の汚染地図が公表されたのは、1989年のことである。事故から3年が経過している。なぜこの頃になって、地図が公開されるようになったのか。

「八九年、医学的な憂慮と一般大衆による圧力から、ほかのいくつかの地方、それも避難地域から非常に遠く離れた地域でも、いちじるしく汚染された地点があることが認められた。［中略］八六年に党政治局の事故対策委員会に提出された地図が公表された」（『チェルノブイリの遺産』）とジョレス・メドベージェフは、その背景を説明している。

1989年の2月から3月にかけて、新聞や雑誌で汚染地図が公開された。原発事故の影響が長期化することが予測されたため、住民に対する情報公開に踏み切ったのだ。

当時の新聞は、地図公開にいたった理由を、次のように説明している。

「チェルノブイリ原子力発電所の事故から、すでに約3年が過ぎた。しかし広範囲にわたる地域で、放射能による環境汚染は、依然として深刻な技術的また社会的問題である。残念ながら、これらの地域における緊迫した状況は、今後さらに長く続く。そのため、汚染地域において、何千もの人々が生活し、経済活動を行うにあたっての助言を作成する必要がある」（『プラウダ』1989年3月20日）。

地図が一般公開されたことは前進である。しかし公表された情報は、まだまだ断片的であった。まず1989年2月7日の『ソビエツカヤ・ベラルーシ』紙に、30㎞ゾーン外の汚染地図が公表された。しかしこの地図には、たとえばロシアのブリャンスク州は載っていない。また、この地図が示すのは、セシウム137のデータのみだった。セシウム以外にも、ストロンチウムなど半減期の長い放射性物質が、自然や人体に影響を与えている。それらの放射性物質に関する情報が、『ソビエツカヤ・ベラルーシ』の地図には載っていなかった。

1989年3月20日には、ソビエト連邦共産党の機関紙『プラウダ』に、汚染地図が公表された。地図は、広域地図1枚と、原発周辺、北東ホットスポットを示す詳細地図2枚の計3枚で、北東ホットスポットの地図には、原発から百数十キロ離れたブリャンスク州（ロシア西部）も載っている。

『プラウダ』紙1989年3月20日付記事より

ここに掲載したのは、その北東ホットスポットの地図である。地図の中の線に注目してほしい。斜線で示された地域は、セシウム137の土壌汚染度が40キュリー／km²以上（148万ベクレル／m²以上）の地域。点々で示された地域が、15キュリー／km²以上（55万5000ベクレル／m²以上）の地域である。ノボズィプコフ市も、地図の右下に小さく示されている。

しかしブリャンスク州よりも遠い地域は、地図から抜け落ちている。実際のところ、汚染はブリャンスク州よりも遠くまで広がっていた。ブリャンスク州の北にあるオリョール州や、北東に位置するトゥーラ州などの地域も汚染を受けている。

『プラウダ』紙の地図には、トゥーラ州やオリョール州の情報はない。それに表示された汚染のレベルは、15キュリー／㎢（55万5000ベクレル／㎡）が最低である。それよりも低いレベルの汚染状況は、地図に示されていない。

### 汚染状況の公開——『科学と生活』誌、1990年9月号

1989年に地図の一般公開は始まったものの、その範囲や情報は不十分であった。

その点で、『科学と生活』誌1990年9月号に掲載された汚染地図は、注目に値する（口絵2）。この地図には、ロシア国内の汚染状況が、それまでの地図よりも広く、そしてより詳しく示されている。

この地図では、セシウム137の土壌汚染レベルが色分けして示されている。

濃いオレンジ色が最も汚染レベルの高い地域で、40キュリー／㎢（148万ベクレル／㎡）以上。ピンク色の地域は、1～5キュリー／㎢（3万7000～18万5000ベクレル／㎡）の汚染度の地域である。この1～5キュリー／㎢レベルの汚染は、ブリャンスク州を超えて北東に広

がり、トゥーラ州にも延びている。

フランスの研究者ベルベオークによれば、「この汚染地図は一九九一年四月、原子力エネルギーについてのフランスとソビエトによるパリ会議の参加者に配布された」（ベラ・ベルベオーク、ロジェ・ベルベオーク『チェルノブイリの惨事』）。その約1カ月後、1991年5月に被災地の範囲を定めたチェルノブイリ法が採択された。チェルノブイリ法採択時点で、一般に広く公開された地図としては、これが最新のものであったようだ。

これよりも以前に公開された汚染地図には、1キュリー／km²（3万7000ベクレル／m²）のレベルの汚染地域は示されていなかった。あたかもそれらの地域は、汚染を受けていないかのように、汚染情報が載っていなかった。

この『科学と生活』誌の地図によって、ロシア国内の「1キュリー／km²」レベルの汚染地域も地図に示された。チェルノブイリ法では、このレベルが、「汚染地域」認定の基準である。

しかし、この地図も完全ではない。セシウム以外の放射性物質の情報は、ストロンチウムについてのおおまかな汚染地図があるだけだからだ。多くの地域でそれ以外の放射性物質による、食物や人体への影響が懸念されている。

それに、特定の地域を、より細分化して示した地図も必要である。1km²平均の情報では、住民にとっては大雑把過ぎる。同じ地域の中に、ホットスポットもあれば、比較的汚染度が低い場所もある。住民にとっては、もっと細かいマップが必要になる。

問題は、どこからどこまでが原発事故「被災地」なのか、広く共通の認識がなければ、被災地の支援を本格的に始めることはできないということだ。この「どこが被災地なのか」という「共通認識」の形成のためにも、汚染状況を示した地図の公開は欠かせない。

当時のソ連においては、広範囲な汚染地域の把握が遅れた。また調査データの公開も、すぐには行われなかった。そのことが「被災地」の範囲確定に関する問題を長引かせ、社会的な混乱を呼び起こした。特にブリャンスク州などのロシア国内の汚染地域は、「30㎞ゾーン」から離れているために、状況把握と情報公開が遅れた。

このように、1989年〜1990年にかけて、汚染マップ公開が始まった。それと同時に、「被災地」の範囲に関する議論が活発化した。最終的には、1991年に採択されたチェルノブイリ法が、「どこまでが被災地なのか」という問題に、一定の答えを出すことになる。

## 3　法律による「被災地」の確定

事故後3年以上を経て、ようやく広範囲に及ぶ汚染地図が公表された。情報が公開されたことは、1つの進歩である。しかし、地図に汚染地として示された地域に住んでいる住民にとっては、問題は解決するどころではない。地図が公表され、「あなたの地域は〇〇のレベルで汚染されています」と告げられた。「わかってよかった」ということではすまない。「では、どうすればよいのか」「この地域に住むことでどんな問題があるのか」「国や地方自治体は何をしてくれるのか」……。多くの疑問が生じる。

どこからどこまでを、法的に「汚染地域」と認めるのか。それらの地域に住む住民に、どんな支援や補償をするのか。次の段階の議論が始まる。

### チェルノブイリ法の「汚染地域」

1991年にロシア、ウクライナ、ベラルーシで、それぞれチェルノブイリ法が採択された。これによって、はじめて法的に「汚染地域」の区分がなされた。

ロシアのチェルノブイリ法をもとに、「汚染地域」の法的な定義を見てみたい。詳しくは次章で解説するが、この法律には汚染地域に住む市民、そこから移住する市民の権利も定められている。汚染地域の定義は、チェルノブイリ法第7条「放射能汚染地域」に示されている。チェルノブイリ法で規定された「汚染地域」は、以下の3つである。どれかに当てはまれば、「汚染地域」と認められることになる。

(1) 1986年とその後の年に、避難と退去が行われた地域
(2) 1991年以降、一般住民の平均実効線量が1ミリシーベルト/年を超える地域

⑶1991年以降、土壌のセシウム137汚染度が1キュリー／km²（3万7000ベクレル／m²）以上の地域

⑴は先に説明した「30kmゾーン」と、1986年以降に追加的な避難が行われた地域である。それ以外の地域では、⑵と⑶に示された被曝量と土壌汚染度を基準にして「汚染地域」が確定される。

実際には、⑶の土壌汚染の基準が用いられることが多い。それぞれの地域での住民の被曝量を、網羅的に把握することが難しいためである。1キュリー／km²（3万7000ベクレル／m²）がセシウム137による土壌汚染基準の下限とされた。先の『科学と生活』誌の地図で、ピンク色で示された範囲全域が1キュリー／km²以上である。これだけの広い地域が、「放射能汚染地域」と認められたのである。

2つの「汚染地域」――「住んではいけない地域」と「住んでもよい地域」

広範囲な地図が公開され、「汚染地域」が法律で決められた。これで、どこからどこまでを「汚染地域」と呼ぶのか、少なくとも制度上は確定したことになる。

しかし「汚染地域」と、ひとまとめにくくってよいわけではない。汚染の度合いはさまざまである。同じ「汚染地域」でも、30kmゾーン内と、数百km離れたトゥーラ州の汚染地域では、放射線量も

### チェルノブイリ原発事故被災地の分類（ロシア連邦「チェルノブイリ法」の規定）

| 区分 | 基準 | 移住 | 居住 | |
|---|---|---|---|---|
| 疎外ゾーン | チェルノブイリ原発周辺30kmゾーンおよび、1986年と1987年に放射線安全基準に従って住民の避難が行われた地域 | 義務的移住 | 居住不可 | |
| 退去対象地域 | セシウム137濃度40キュリー/km$^2$以上<br>または実効線量5ミリシーベルト/年を超える | 義務的移住 | 居住不可 | |
| 退去対象地域 | セシウム137濃度15キュリー/km$^2$以上40キュリー/km$^2$未満 | 移住権付与 | 居住可 | 住んでもよいが、希望すれば移住支援が受けられる地域 |
| 移住権付居住地域 | セシウム137濃度5キュリー/km$^2$以上15キュリー/km$^2$未満<br>かつ実効線量1ミリシーベルト/年を超える | 移住権付与 | 居住可 | 住んでもよいが、希望すれば移住支援が受けられる地域 |
| 移住権付居住地域 | セシウム137濃度5キュリー/km$^2$以上15キュリー/km$^2$未満<br>かつ実効線量1ミリシーベルト/年以下 | 移住権なし | 居住可 | |
| 特恵的社会・経済ステータス付居住地域 | セシウム137濃度1キュリー/km$^2$以上5キュリー/km$^2$未満<br>実効線量1ミリシーベルト/年以下 | 移住権なし | 居住可 | |

土壌汚染のレベルも大きな差がある。すべての地域を強制避難区域にすることは、現実的ではない。また、汚染度の高い地域と低い地域に同じ規模の支援をするのも、公平ではない。「汚染地域」の確定とともに、「どの程度の汚染地域にどんな支援や補償が必要か」というレベル分けの問題が生じる。汚染地域の分類をしなければならないのである。

　チェルノブイリ法第7条によれば、汚染地域は、次の4つに分類されている。

(1)「疎外ゾーン」
(2)「退去対象地域」
(3)「移住権付居住地域」

退去対象地域の概念図

| | | |
|---|---|---|
| セシウム137の濃度<br>40キュリー／$km^2$以上 | 退去対象地域 | ・居住禁止<br>・義務的移住 |
| セシウム137の濃度<br>15キュリー／$km^2$以上<br>40キュリー／$km^2$未満 | | ・居住可<br>・居住者への支援<br>・希望者に移住支援 |

(4)「特恵的社会・経済ステータス付居住地域」

「疎外ゾーン」には住むことが禁止され、自然利用や企業活動も制限される。これは「住んではいけない地域」である。つまり「汚染地域」は、「住んではいけない地域」と「住んでもよい地域」に分けられる。

(2)～(4)は、主に土壌のセシウム濃度を基準にした分類である。繰り返しになるが、基本的にはセシウム137の汚染度が1キュリー／km²（3万7000ベクレル／m²）以上の地域である。汚染度に応じて、これらの地域の住民に、移住の支援や、医療上また環境保全上の支援がなされる。

「移住を希望すれば支援が受けられる地域」

ここで注目したいのが、「移住権」という考え方だ。

「汚染地域」の中には、「移住を希望すれば支援が受けられる地域」というカテゴリーが存在する。前頁の分類では、(2)「退去対象地域」と(3)「移住権付居住地域」のうち、一定の地域で「移住権」が認められる。

上の概念図でみるとおり、「退去対象地域」の中にも2つの種類がある。40キュリー／km²（148万ベクレル／m²）以上の「住んではいけない地

2011 年1月1日現在のロシア国内の放射能汚染地域数

| 汚染地域カテゴリー | 居住区数 | 居住者数（人） |
|---|---|---|
| 退去対象地域 | 202 | 78,930 |
| 移住権付居住地域 | 492 | 176,880 |
| 特恵的社会・経済ステータス付居住地域 | 3,716 | 1,372,700 |
| 合計 | 4,414* | 1,628,510 |

＊計算上4地域分多いが、これは「疎外ゾーン」となり、無人の4地域の分である。
出典：ロシアナショナルレポート、106頁

域（強制避難地域）」と、15キュリー／$km^2$（55万5000ベクレル／$m^2$）以上40キュリー／$km^2$未満の「住んでもよい地域」である。ノボズィプコフ市は「退去対象地域」のうち、「住んでよい」方の地域に入る。住んでよいのだが、「移住権」が認められる。

この「住んでもよいが、移住権が認められる汚染地域」という考え方が、チェルノブイリ被災地制度の重要な特徴の1つだ。なぜこのような「移住権」の考え方が生まれたのか、またこの権利をめぐって生じている問題については、第5章で詳しく紹介する。

## 「汚染地域」に住む住民の数

このようにして確定され、分類された「被災地」には、どのくらいの人々が住んでいるのだろうか？

ロシアでは、1991年にチェルノブイリ法に基づいて、はじめての「放射能汚染居住区リスト▼1」が採択された。このリストによると、当時ロシア国内で、6884居住区が「汚染地域」と認

▼1　1991年12月28日付ロシアソビエト連邦社会主義共和国政府決定N2337―r。

定された。居住者総数は220万人であった。

2011年1月現在では、ロシアの4414居住区が汚染地域として認定されている。これらの地域の居住者総数は約160万人である（ロシアナショナルレポートによる）。

事故当時と比較すると、汚染地域の居住区数、住民数ともに減少している。居住区は6884地区から4414地区に減少し、居住者数は220万人から160万人に減った。

もちろん時間とともに汚染度が下がり、「汚染地域」ではなくなった居住区もあるだろう。しかし、住民がすべて移住してしまい、「居住区」そのものが消滅した例もある。また他の地域への移住者が増えたことで、汚染地域の住民数が減ったと見ることもできる。

なお、ロシア語の「居住区（ナセリョンヌィ・プンクト）」は特別な用語で、必ずしも日本の「市町村」と同じ単位ではない。複数の市民が定住していることを基準に定められる地域単位である。「村」のように独立した役場をもつ「居住区」の単位があるのに対して、「フートル」と呼ばれる村落には、1世帯しか住んでいないということもある。このフートルもまた、1つの独立した「居住区」とされることがある。

日本の被災地でも問題になっているが、同じ市町村の中でも汚染度が違うため、同じ町の中で違うレベルの区域に分類されることがありうる。ロシアではそのような場合にも「居住区」は最小限の単位となり、同じ「居住区」内で、いくつかのカテゴリーに分断されることはない。「居住区」単位ごとに、どのゾーンであるかが示されるようになっている。

汚染地域の範囲は、定期的に見直される。チェルノブイリ法に従えば、ロシアでは最低でも5年に一度範囲の見直しが行われる。事故後25年をむかえて、被災国では「汚染地域」範囲を縮小する方向で、見直しを検討している。それに対しては、汚染状況の持続を危惧する環境学者や、補助の打ち切りを恐れる地域住民から反発の声も強い。

いまだに、「どこまでが被災地か」の議論が続いているのだ。

## ◉第2章のまとめ

「どこまでが原発事故被災地」なのか。これは容易に答えの出る問題ではない。チェルノブイリの場合、放射能汚染を受けた地域は、原発から数百km離れた場所まで広がっていたが、広範な汚染状況を把握するには時間がかかった。当時のソ連では、データが一般公開されたのも遅すぎた。

「どこまでが被災地なのか」があいまいなままでは、具体的に被災地支援策を行うことはできない。しかし、何を基準に、どこまでを「放射能汚染地域」と認めることができるのか。誰もが納得する答えを出すことは簡単ではない。できるだけ詳細な情報を公開し、「汚染地域」の範囲について共通認識を持つための議論をすることが欠かせない。

この共通認識がない限り、住民と国や自治体のあいだで訴訟や対立が繰り返され、国も地域社会も疲弊してしまう。また混乱を避けるために情報の公開を遅らせるなら、問題をより複雑にするだけだ。これはチェルノブイリ原発事故被災地からの重要な教訓である。

ロシアをはじめとするチェルノブイリ原発事故の主要被災国では、事故後5年を経て1991年に、法律で「汚染地域」の基準を定めた。この法律によって、「汚染地域」が「住んではいけない場所」「住んでもよいが、一定の活動制限や防護策が実施される場所」「住んでもよいが、移住権が認められる場所」に分類された。

「住んでもよいが、移住権が認められる地域」とは、どういうことだろう。「住んでもよい」のに、どうしてわざわざ「移住の権利」を法律で認めるのだろう。

これは、多くの矛盾をはらむ制度であるかもしれない。しかし、その意図は、「全員を避難させる」という究極の措置は避ける、ということだ。それと同時に、「移住を希望する人間の選択」は尊重する。ここには、「汚染地であるから、すべての住民は避難させる」あるいは「住んでよいと認めたから、移住に対しての支援は行わない」という「オールオアナッシング」の先を行く、もう1つの思想があるのではないか。

筆者の訪れたノボズィプコフ市は、そんな「住んでもよいが、『移住権』が認められる地域」の1つだ。

# 第3章 「チェルノブイリ法」とは何か

ここまで繰り返し、「チェルノブイリ法」という法律の名前が出てきた。「チェルノブイリ法」は、チェルノブイリ原発事故被災地を支える社会制度の土台となるものである。

第1章で紹介したブリャンスク州の被災地では、さまざまな住民支援が実施され、居住地をとりまく環境の整備が行われている。これらも、主には「チェルノブイリ法」に定められた施策である。

汚染地域から避難した人々は、この「チェルノブイリ法」のルールに従って補償を受けている。被災者を支援する人々も、「チェルノブイリ法」の枠組みを利用することができる。

他方、福島第1原発事故から約5年が経過したが、2016年2月の時点で、日本では被災地支援を包括的に定めたチェルノブイリ法に相当する法律は、まだ整備しきれていない。そもそも、福島第1原発事故による被災地域の範囲の分類があいまいなままである。したがって、原発事故被災者の権利も明確に定められていない。

ソビエト連邦では、紆余曲折はあったものの、事故から5年後の1991年に「チェルノブイリ法」を作った。ソ連解体後もロシア、ウクライナ、ベラルーシの3国で、「チェルノブイリ法」は被災者保護の基本的なルールとなっている。

「チェルノブイリ法」は、チェルノブイリ原発事故の被災者を対象にした法律だ。このように特定の原発事故を対象とした「被災者保護法」を作ることに、どんな意味があるのだろうか。福島第1原発事故後の日本の制度作りのために、「チェルノブイリ法」から参考にできることがあるとすれば、それは何だろうか。このようなことを考えながら、この章では、チェルノブイリ法とは何なのか紹介する。

それにあたっては、「人が住んでよい地域」と「住んではいけない地域」をどうやって区切るのか、誰を「被災者」と認めて、どのように補償するのか、まずはこういった問題について、チェルノブイリ法の基本的な考え方を知っておきたい。

なお、本書では、ロシア、ウクライナ、ベラルーシと3国にあるうちの、ロシアの「チェルノブイリ法」を対象にしている。またチェルノブイリ法は、1991年に最初の版が採択されてから、25年になろうとしている。これまでに数多い修正が加えられてきた。どの時期のものを参考にするかで、細部の内容が異なる。本書では、現地訪問調査を行った時点（2011年9月）での最新版（2011年7月11日改正版）をもとに話をすすめることにしたい。

## 1 「チェルノブイリ原発事故」に特化した法律

「チェルノブイリ法」とは何か？　チェルノブイリ法とは、「法律」である。「当たり前だ」と思うかもしれない。でも、ここが重要だ。

チェルノブイリ原発事故の被害を受けた人々には、「法律」で補償や支援が約束されている。地方の条令でも、一省庁である保健省の決議でもない。「チェルノブイリ原発事故」に対応するための、国家レベルの法律があるのだ。

正式名称は、ロシア連邦法「チェルノブイリ原発事故の結果放射線被害を受けた市民の社会的保護について」という。「連邦法」というのは、議会での審議を経て、大統領が署名することで効力を持つ法律で、地方の条令とはちがい、全国で効力を持つ。

「チェルノブイリ法」ができる以前にも、当時のソ連に放射線安全基準や産業災害の被害補償を定めた法規はあった。チェルノブイリ法が成立するまでは、それらの安全基準や法規に基づいて、避難の決定や被災者支援が行われていた。また事故後の数年間で、避難者や事故収束作業者向けの支援プログラムがいくつも実施されている。けれど、「法律」はなかった。

どうして「チェルノブイリ原発事故」を対象にした、特別な法律が必要になったのだろうか。法律を定めて被災者への補償を約束することは、一時的な支援や、1回払いの賠償金の支払いとはかなり違う。法律で保証する以上、国はその履行に長期にわたって責任を負う。財政上の負担も大幅に増える。それなら、支援プログラムだけでなく、新しい法律を作る理由はどこにあるのだろう。

第2章で、汚染地域の把握や、情報公開が遅れたことを解説した。事故から3年後の1989年になって、比較的広範囲の汚染地図が公表されるようになったことを思い出してほしい。突然「あなたの住んでいる地域は、○○レベルで汚染されています」と地図で示されたとする。そこに住む人々はどうすればよいのか？

1989年当時、被害補償が約束されているのは、主に強制避難者と原発事故の収束作業者だけだった。それ以外の、汚染を受けた地域に住む住民たちには、長期的な支援の枠組みがなかった。当然ながら、汚染地域に住む人々を対象にした被害補償を求める動きが出てくる。強制避難者だけでなく、汚染地域からの自主的避難者に対する補償の問題も生じる。こうして個別の支援プログラムでは対応できないことが明らかになってきたのである。

国も、この状況に危機感を持つようになった。当時の決議文書から議会の危機意識がうかがえる。

放射能汚染の被害を受けた地域の社会的・政治的状況は、きわめて緊迫したものとなっている。原因は、学者や専門家たちによる放射能の安全性に関する提案が、互いに矛盾していること、不可欠な対策の実施が遅れていること、そしてその結果として、住民の一部が地方や中央の政治を信頼しなくなったことである。事故被害の状況の本格的な調査や、根拠ある対策プログラムの策定は遅れている。このことは、放射線被害を受けた地域の住民に当然の怒り［直訳すると、法的根拠のある憤慨］を引き起こしている。

これは1990年4月25日、ソビエト連邦最高会議決定からの引用である。チェルノブイリ原発事故からちょうど4年、チェルノブイリ法採択の約1年前である。驚くほどに、福島第1原発事故後の日本の社会状況と似ていないだろうか？　さらにこの文書では、「真に世界的な大惨事として、チェルノブイリ原発事故の規模と影響を、しかるべく評価していなかった」と認めている。事故当時の認識が甘かった、という議会の側の痛切な反省がこめられた一文だ。この時点ですでに、個別の問題への場当たり的な対応ではすまないことが分かっていた。

そして、この最高会議決定の第5項で、「チェルノブイリ法案」を策定する方針が示されたのである。

ソビエト連邦閣僚会議は、チェルノブイリ原発事故についての法案を策定し、1990年第4四半期にソビエト連邦最高会議に提出すること。この法律では、チェルノブイリ原発事故被害者、原発事故収束作業参加者、被災地での作業に従事する人々、および強制移住者の法的ステータスを定める。また同法では、被災地域の法的位置づけ、被災地域における住民の居住と活動にかかわる規則、軍務履行にかかわる規則、国家機関および社会団体の形成と活動にかかわる規則を定める。

「チェルノブイリ原発事故についての法案」と、ここで明確に示されている。「法律」によって被災者の権利を定めるのだ。そして被災地域の社会制度も、法律によって定める。対症療法的に個別の支援プログラムで対応するのとは異なり、長期的に幅広い層の被災者に対する補償を行うことを前提としたアプローチだ。

ロシアのチェルノブイリ法は、この最高会議決定からほぼ1年後、1991年5月15日付で成立した。

福島第1原発事故後の日本にとって、チェルノブイリ原発事故は、ほぼ唯一の先行事例である。この先行事例においては、被災者の権利を定めた法律が作られた。民法に定められた一般的な範疇での被害と補償の枠組みとは別に、特に「チェルノブイリ原発事故の結果放射線被害を受けた市民の社会的保護」という法律が必要になったのである。これは何より、特別な法律によって被災者の権利や補償のルールを定めなければ、広範囲で長期的な事故の影響に対応することができなかったからである。このことは、日本でも復興の仕組みづくりの模索が続く中、注目すべきである。

ロシアでチェルノブイリ法を研究するI・キセリョフは、次のように言っている。「［前略］

チェルノブイリ原発事故は、その影響からいって、20世紀においてほかに例を見ない人為起源の事故であった。チェルノブイリ原発事故による市民の自由や、権利の侵害の度合いは大きすぎ、事故による被害を測ることも埋め合わせることもできない。このような被害を、民法の法規に定められた手続きで補償することは不可能である。そのため、国によって特別な補償方法が選ばれた」

原発事故の影響は長期におよび、事故当時には想定していない事態に発展しうる。事故以前に作られた法制度では、対応できない問題も多くなる。次々と生じる個別の、しかし無視できない問題に事後的に対処するだけでは、根本的な問題は解決できない。個別の対応策では、被害の大きさと問題の広範さに対応できないのである。原発事故とは、それほどのものだ。

「被災地域の位置づけ」と「被災者の権利」を定めた法律があってはじめて、被災者保護と被災地復興の長期的展望を示すことができる。

## 何を定めるのか

チェルノブイリ法は、①「どこまでが被災地域なのか」、②「チェルノブイリ原発事故の被災者は誰なのか」、③「誰にどんな補償や支援が認められるのか」という、基本ルールを国として定めた法律だ。

チェルノブイリ法によって、被災地域に「法的な位置づけ」が与えられた。こうして、「どこまでが被災地なのか」という問題にも法的な答えが出された。その際、「汚染地域に住む住民」

チェルノブイリ法の構成

| | |
|---|---|
| 第Ⅰ部 | 総則 |
| 第Ⅱ部 | チェルノブイリ原発事故の結果放射能汚染を受けた地域の制度と環境回復 |
| 第Ⅲ部 | チェルノブイリ原発事故の結果放射線被害を受けた市民のステータス（法的地位） |
| 第Ⅳ部 | チェルノブイリ原発事故により被害を受けた市民の年金保障 |
| 第Ⅴ部 | チェルノブイリ原発事故による健康被害に対する市民への補償 |
| 第Ⅵ部 | 企業・施設・組織・社会団体のチェルノブイリ原発事故に関連する権利 |
| 第Ⅶ部 | ロシア連邦のチェルノブイリ原発事故に関する法規およびそれらの法規に則して発行されるほかの法規執行の監督と違反に対する責任 |

も法的に被災者として認められるようになった。先にも解説したとおり、それまでは主に、事故収束のために働いた作業者や強制避難者の補償ばかりが重視されていた。

チェルノブイリ法の構成を見てみたい。2011年7月の版で7部（全49条）構成となっている。

第Ⅰ部「総則」では、「チェルノブイリ法」の目的や基本的な考え方が示される。「総則」の中、個別の条文で特に重要なのは、第5条と第6条である。

第5条では、被災者の権利保護のための財政責任を、国が負うことが示されている。そして第6条で、「居住コンセプト（汚染地域での安全な居住を保障するための条件を定めた規定）」という基準が示される。「居住コンセプト」は被災地区分や、避難決定の根拠となる基準だ。この「居住コンセプト」は重要なので、後で詳しく見てみたい。

第Ⅱ部では、チェルノブイリ原発事故被災地の4ゾーン分類（前述）が示される。つまり、ここで「被災地はどこか」が明確にされる。そして、強制避難地域から比較的汚染度の低い地域まで、それぞれのゾーンの内容が詳しく決められる。

第Ⅲ部では、「チェルノブイリ原発事故被災者」の定義が示される。つまり「被災者とは誰か」が示される。第13条「チェルノブイリ原発事故の結果放射線被害を受けた市民のカテゴリー」で、被災者が12のカテゴリーに分類されている。続いて第14条以降で、それぞれの被災者カテゴリーにどんな権利が認められるのか、詳しく示されている。

第Ⅳ部から第Ⅶ部では、それぞれの被災地カテゴリー、それぞれの被災者カテゴリーに対して行われる支援策や被害補償の内容が、より詳しく規定されている。また、支援策を実施する際のルールが定められている。

チェルノブイリ法が定める「被災地」と「居住コンセプト」
チェルノブイリ法の主要テーマのまず1つ目は、何を基準にして、どこを「被災地」とするのか、ということである。現在日本でも、どこまでを原発事故の被災地と認めて支援するのか、議論が続けられている。チェルノブイリ被災地でも、被災地の範囲を確定するための紆余曲折の議論があった。この先例を参考にする必要がある。

まず、「チェルノブイリ法」における「被災地」とは何か。チェルノブイリ原発事故が原因で一定のレベルの汚染を受けた地域である。繰り返しになるが、強制避難が行われた30㎞ゾーンの外でも、以下の条件のどちらかに当てはまれば、「放射能汚染地域」と認められる。

・一般住民の平均実効線量が1ミリシーベルト／年を超える
・土壌のセシウム137濃度が1キュリー／㎢（3万7000ベクレル／㎡）以上

この基準に当てはまる地域では、住民に何らかの補償が約束されることになる。
日本のケースと引き比べてみると、福島第1原発事故の後、20㎞ゾーンから避難が行われた。しかし20㎞ゾーン外でも、平均実効線量が1ミリシーベルト／年を超えうる地域は少なくない。また土壌のセシウム137濃度が1キュリー／㎢（3万7000ベクレル／㎡）以上の地域は、福島県の外へも広がっている。しかしこれらの地域は、一部の例外を除けば、2016年2月現在法律で「原発事故被災地」とはされていない。

福島第1原発事故後、日本政府は、20ミリシーベルト／年を基準に避難の必要を認める方針で、避難地域や特定避難勧奨地点の設定を進めてきた。しかしこの基準が、住民の間で広く受け入れられているとは言いがたい。学者や専門家の間でも、20ミリシーベルト／年という基準に関して意見が分かれている。また、20ミリシーベルトを下回る地域では、どんな基準で住民支援や補償をするのか、あいまいな点が多い。

チェルノブイリ原発事故被災地では「平均実効線量1ミリシーベルト／年」を基準とし、移住支援をはじめとするさまざまな補償を認めている。この先例を考慮した基準・制度作りこそが、最も広く住民の理解を得ることができるのではないだろうか。

## 「居住コンセプト」という考え方

チェルノブイリ法の「1ミリシーベルト／年」という基準は、「居住コンセプト」という考え方と一体になったものである。

「居住コンセプト」と直訳しても、なんのことかわかりづらいだろう。原発事故が起きた際に「どこになら人が住めるのか」「何を基準にして規制や支援を行うのか」という立脚点が必要になる。これについて国の基本的な考え方を示したのが、「居住コンセプト」だ。

チェルノブイリ法は、被災地の制度を定めた法律だ。この「どこになら人が住んでよいのか」というコンセプトが、被災地の制度作りの大前提となる。このコンセプトがあってはじめて、その先の「どこの誰をどう保護するのか」という具体的な議論に入ることができる。

「1ミリシーベルト／年」という基準は、まず国の方針として「居住コンセプト」で定められ、後にチェルノブイリ法の条文に反映された。しかし、この基準が事故後すぐにできたわけではない。事故後の数年は、共通の「居住コンセプト」がなかった。このため、避難地域の設定や、汚染地域の住民に対する支援は、場当たり的なものにならざるを得なかった。広く受けられる共通方針がなかったことが、本格的な支援策の実施を遅れさせ、住民の抗議や根深い行政不信を引き起こしたのである。

## 「1ミリシーベルト／年」という基準

チェルノブイリ法では、住民の平均実効線量「1ミリシーベルト／年」を超える地域は、汚染地域と認められる。また、この「1ミリシーベルト／年」は、被災地から移住することを住民の「権利」とする「移住権」を認めるための基準ともなっている。1ミリシーベルト基準は、「居住コンセプト」の根幹なのである。

しかし事故後すぐに、この「1ミリシーベルト／年」の基準が導入されたわけではない。1991年にチェルノブイリ法が採択されるまで、ソビエト連邦では放射線基準の問題について、議論が続けられてきた。

チェルノブイリ事故直後には、当時の放射線安全基準[1]が適用されており、事故後最初の1年間は、住民に対して100ミリシーベルトの被曝を許容する基準であった。この時期についていえば、福島第1原発事故後の日本と比べても、かなり高い被曝量の基準が設定されていたことがわかる。

▼1　ソ連保健省付属国家放射線防護委員会（NCRP）の放射線安全基準（SRS－76）

しかしこれは事故時の非常事態基準であって、いつまでも適用しているわけにはいかない。１９８８年にソ連国家放射線防護委員会（ＮＣＲＰ）は、新しい放射線安全基準を提案した。当初は汚染地域の住民に、生涯（70年）で７００ミリシーベルトの基準を検討していた。つまり、1年あたり10ミリシーベルトの被曝を認めることになる。しかし同委員会は議論を経て最終的に、当初児童を対象に定める予定であった「３５０ミリシーベルト／一生」基準を提案することに決定した。こうして「３５０ミリシーベルト／一生」＝「５ミリシーベルト／年」という「３５０ミリシーベルト基準」が提案された。

しかしこの「３５０ミリシーベルト基準」は、世論や自治体からの激しい批判を受けた。そして「5ミリシーベルト／年」より被曝量が低い地域からも、避難支援や補償を求める声が上がるようになる。結局この時点で、広く受け入れられる基準を設定することはできなかった。

このときの世論の動きから、「線量や汚染度がどのレベルを超えたら、規制や保護が必要なのか」という共通理解がないままに、一貫した被災者支援を行うことはできないことが、明らかになった。こうして事故後数年を経て、共通の「居住コンセプト」の必要性が認識されるようになる。「居住コンセプト」の必要性は、先に紹介した最高会議決定（１９９０年4月25日）にも明確に示されている。

**住民のための被曝の暫定限度量**

| | |
|---|---|
| 1986年 | 100ミリシーベルト |
| 1987年 | 30ミリシーベルト |
| 1988年 | 25ミリシーベルト |
| 1989年 | 25ミリシーベルト |

出典：ロシアナショナルレポート、22頁

［いまだに］広い層の住民が受け入れることのできる、放射能汚染地域における安全な居住の共通コンセプトが存在しない。このことが社会的・心理的状況を複雑化させており、被災地域における住民保護のための十分に根拠ある施策を実施する妨げになっている。

そしてチェルノブイリ法の法案策定と同時進行で、科学アカデミーや保健省などの機関を巻き込んで、「居住コンセプト」の作成も進められていく。

最終的に「居住コンセプト」は、1991年4月8日付ソビエト連邦内閣決定[1]によって導入された。この内閣決定には、「添付のチェルノブイリ原発事故被災地区における住民の居住コンセプトを承認するとともに、［中略］同原発事故により被害を受けた市民の社会的保護に関するソ連法の法案の基礎とする」よう定められている。

ロシアのチェルノブイリ法が成立するのは、その約1カ月後である。そして「1ミリシーベルト／年」の基準を含む「居住コンセプト」の考え方は、チェルノブイリ法第6条に受け継がれた。

## 「居住コンセプト」の内容

「『1ミリシーベルト／年』超で、何らかの規制や保護が必要になる」というのが、「居住コン

▼1　N164「チェルノブイリ原発事故被害を受けた地域における住民の居住コンセプト」

セプト」の考え方である。この被曝基準のほかにも、ここには被災地の復興に向けて築き上げられた制度を支える基本的な方針が示されている。

この「居住コンセプト」が、法律の中に盛り込まれたことの意味は、「どの地域を被災地と認めて支援するのか」を決めるための尺度ができたということである。

「居住コンセプト」の示す基本方針を詳しく紹介したい。

① 「介入基準」

原発事故被災地からの避難や、住民の保護を考える上で「介入基準」という考え方がある。「このレベルを超えたら、何らかの措置が必要」という基準のことである。「介入」と一言で言っているが、それが避難勧告の場合もあれば、除染措置や健康診断サポートのこともある。つまり、何らかの防護措置や保護策が必要になるレベルである。その「居住コンセプト」の介入基準が、先ほどから繰り返している「1991年以降の時期に住民の平均実効線量1ミリシーベルト／年を超える」というものである。

ここで考慮しなければいけないことが2つある。1つ目は「1ミリシーベルト／年」というのは、「追加上昇」分であるということ。正確には、その地域の自然・人工放射線レベルを超えての追加上昇である。つまりチェルノブイリ原発事故前から、その地域のバックグラウンド線量による被曝が0・2ミリシーベルト／年であったとすれば、1・2ミリシーベルト／年を超えない限り、「介入」は必要がないとされる。

もう1つは、「1991年以降の時期」という規定である。つまり原発事故後5年たった時点での基準なのである。原発事故後に1ミリシーベルト／年を超えていた時期があっても、1991年以降の時期にこの基準を下回れば、やはり「介入」の対象にはならない。

また「居住コンセプト」の基準では、「1991年以降の時期に住民の平均実効線量5ミリシーベルト／年を超えないこと」が条件となる。つまり5ミリシーベルト／年を超える地域では、「居住」はできない。チェルノブイリ法の規定では「5ミリシーベルト／年」を超える地域からは、移住が義務づけられる。

② 「被曝量」を基準に

保護や防護策の必要性を判断するにあたって、根拠となるのは「被曝量」である。「居住コンセプト」には「防護策実施の必要性およびその規模や性質に関する決定、また被害補償のための主な指標は、チェルノブイリ原発事故の結果放射能によって生じた被曝量である」と定められている。被曝量の高い人々、地域に対して支援や規制を行う方針だ。

しかし、この方針を実行するには、住民の被曝量をきめ細やかにチェックすることが必要になるが、実際には、そこまできめ細やかな被曝量の把握はできていない。後で解説するように、被災地の分類基準には主に、被曝量ではなく土壌汚染度が用いられている。「被曝量」を基準にするという方針が、現実には徹底されていないのだ。

③「心理的要因」の考慮

「居住コンセプト」を定めるにあたって、「心理的要因」も考慮された。原発事故がもたらす影響や被害は予測が難しい。被曝量だけでなく、住民の不安やストレスなど、心理的な要因をも考慮する必要が認められたのである。チェルノブイリ事故のように、対応が遅れて社会的混乱が広まった場合には、なおさらのことである。「居住コンセプト」を定める前提に、このような原発事故がもたらす将来的な被害の不透明さの認識があった。

「居住コンセプト」の第4項には、「本『概念』［居住コンセプト］では放射能の要因とともに社会的・心理的要因（住民の恐怖と高度な興奮の状態やストレス）も重視した」と述べられている。

④「居住者の権利」と「移住者の権利」

「汚染地域」に住む人々は、他の地域よりも高いレベルの健康リスクにさらされる。地域によっては、自然環境の利用も制限され、生活上の制約もある。「居住コンセプト」では、「汚染地域に住む人々」または「一定の期間住んだ人々」が補償を受ける権利を定めている（5項）。

それと同時に、汚染地域に住み続けるか、別の地域に移住するかについて、住民自身の選択が尊重されなければいけない。この移住を決定する住民の権利もやはり定められている（11項）。

放射能汚染地域に居住する者は、放射線状況や被曝量、被曝がもたらしうる健康被害に関する客観的な情報に基づいて、自主的に当該地域での居住を続けるか他の地域に移住するかを決定することができる。どの決定をとるかで、直接の経済的な有利を生じさせてはいけない。

この規定は、本書の主要テーマである「移住権」を考える上でも、非常に重要である。「強制避難か居住継続か」という二者択一ではない、選択肢を用意する姿勢がこの「居住コンセプト」の中にすでに見られる。

「居住コンセプト」は、チェルノブイリ法の第6条「チェルノブイリ原発事故被災地における住民の居住のコンセプトの基本的規定」に、ほぼそのままの形で反映されている。こうして「1ミリシーベルト／年」という基準も、法律としての力を持つようになった。

移住の選択権に関しても、チェルノブイリ法第6条に次のように定められている。

放射性核種汚染地域［強制避難対象地域以外］に居住する市民は、放射線状況や被曝量、被曝により発生しうる健康被害に関して与えられる客観的な情報に基づいて、自主的に当該地域での居住を続けるか他の地域に移住するかを決定することができる。

いる。

### ⑤「被災地」の分類

この「居住コンセプト」に基づいて、被災地は分類されている。第2章で見たように、チェルノブイリ原発事故の被災地は、ロシア・チェルノブイリ法では、次の4つのゾーンに分類されている。

(1)住むことが禁止される「疎外ゾーン」
(2)一部で強制避難が行われるが、「居住」と「移住権」が認められる「退去対象地域」
(3)一定の地域で「移住権」が認められる「移住権付居住地域」
(4)一定の社会支援が実施される「特恵的社会・経済ステータス付居住地域」

前に解説したとおり、汚染地域の中には、ほかに移るかそこに住み続けるか選ぶ権利＝「移住権」のある地域がある。第5章で詳しく解説するが、これらの地域から移住する人々（移住権を有する人々）は、移住の支援を受けることができる。

(2)の「退去対象地域」では、基本的には全域で「移住権」が認められる。ただし、住民の平均実効線量が「5ミリシーベルト／年」を超える地域、または40キュリー／㎢（148万ベクレル／㎡）以上の土壌汚染地域は強制避難の対象となる。

(3)の「移住権付居住地域」で「移住権」が認められるのは、「1ミリシーベルト／年」超の地

セシウム137土壌汚染度による被災地分類

| 土壌汚染度 | 法的な位置づけ |
|---|---|
| 40キュリー／$km^2$<br>(148万ベクレル／$m^2$) 以上 | 義務的移住 |
| 15キュリー／$km^2$<br>(55万5000ベクレル／$m^2$) 以上 | 移住権認定 |
| 1キュリー／$km^2$<br>(3万7000ベクレル／$m^2$) 以上 | 放射能汚染地域として認定 |

域である。

これらのルールも、「居住コンセプト」に従って定められた。

⑥土壌汚染基準と被曝量基準の組み合わせ

「居住コンセプト」で防護策が必要かどうかを判断する基準は、第1には「被曝量」である。解説したとおり、住民の平均実効線量「1ミリシーベルト／年」超が、何らかの措置を必要とする「介入基準」であると定められた。

しかし、「チェルノブイリ法」では平均実効線量だけでなく、土壌汚染度が「被災地」認定の条件として用いられる。

「1991年以降、セシウム137による土壌汚染濃度が1キュリー／㎢（3万7000ベクレル／㎡）を超える地域」は「汚染地域」として認められる。また「移住権」は、セシウム137による土壌汚染濃度が15キュリー／㎢（55万5000ベクレル／㎡）以上の地域で認められる。40キュリー／㎢（148万ベクレル／㎡）以上の地域では移住が義務づけられる。

このように被曝量だけでなく、土壌汚染の度合いが、被災地を分類するモノサシとしてたびたび登場する。これがチェルノブイリ被災地の分類を複雑にしている。「居住コンセプト」で、被曝量「1ミリシーベルト／年」超という基準が定められた。にもかかわらず、チェルノブイリ法では「1ミリシーベルト／年」以下でも、被災地として認められる地域がある。たとえば「特恵的社会・経済ステータス付居住地域」がそうだ（63頁の表を参照）。

チェルノブイリ法は、「特恵的社会・経済ステータス付居住地域」を「セシウム137による土壌汚染濃度が1〜5キュリー／㎢の地域である。当該地域では住民が受ける平均実効線量が1ミリシーベルト／年を超えてはならない」と定めている（11条）。

このように土壌汚染度の基準を併用しているのは、「居住コンセプト」で「被曝量」を基準にすると定めたはずなのに、方針がぶれているのではないか？

ロシア本国でも、批判的な意見がある。チェルノブイリ法の策定に参加した市民団体「チェルノブイリ同盟」の法律家A・ベリキン氏は、「『1ミリシーベルト／年』超という介入基準を定めながら、それよりも実効線量が低い地域で『介入』を実施しているのは矛盾である」と指摘する。「広い地域で被曝量を計算することは難しい。土壌汚染度の平均値を基準にしたほうが、機械的に汚染地域を分類できる。土壌汚染基準は、適用が簡単なために導入された妥協案である」というのがベリキン氏の批判である。

確かに1㎢あたりの汚染度がわかったとしても、住民が実際に受ける被曝のリスクを正確に把握することは難しい。その1㎢の中に、ホットスポットもあれば、かなり汚染度の低い場所もあるのだ。ベリキン氏の批判の要点は、「本当に支援や補償を必要とする地域や被災者グループが、このやり方では割り出せていない」ということである。

その一方で、土壌汚染基準の必要性を指摘する意見もある。キセリョフは「チェルノブイリ被災地において土壌汚染基準が導入されたのは、十分に正当な理由があってのことだ。汚染地域における主な産業は農業生産であり、地域の農産物が住民の主な栄養源である。このような地域では、土壌汚染基準こそが、最も客観的に住民の内部被曝リスクを示すことができる」とし、被災地の分類に土壌汚染基準を用いる意義を強調している。

日本でも被災地の位置づけを考えるにあたって、土壌汚染度と被曝量をどのように考慮するのか議論の必要がある。

## 2　チェルノブイリ法は「被災者」をどう定めているか

チェルノブイリ法は「どこまでを被災地と認めるか」とともに、「誰を被災者と認めるか」（そして「どのように補償するか」）を定めた法律である。

事故後の数年は、被害補償の対象になったのは、主に強制避難させられた人々と原発事故収束作業に参加した人々だった。

1991年になって「居住コンセプト」が定められ、被災地の分類ができた。そうすると、もう1つのカテゴリーの「被災者」が浮かび上がってくる。「汚染地域」に住んでいる人々、そしてそこから自主的に移住する人々だ。

先に解説したとおり、チェルノブイリ法「チェルノブイリ原発事故の結果放射線被害を受けた市民のカテゴリー」（13条）で、12の被災者カテゴリーが示されている。この12のカテゴリーを、大きくは3つのグループに分けることができる。

(1) 原発事故収束作業者「リクビダートル」
(2)「汚染地域」からの移住者
(3)「汚染地域」に住む人々

「リクビダートル」

「リクビダートル」とは、主にチェルノブイリ原発事故の収束作業に参加した人たちのことである。ロシア語で「リクビダツィヤ」は、清算・解消などを意味し、原発事故の「リクビダツィヤ」を行う人々という意味で「リクビダートル」と呼ばれている。リクビダートルの数は、汚染地域に住む住民数に比べれば少ない。しかし事故直後、最も高レベルの被曝を受けた人々である。リクビダートルの間に一定の数のがんの発症や、放射線病による死亡者が出ている。

「リクビダートル」には、比較的手厚い補償が約束されている。彼らは命を懸けて、チェルノブイリ原発事故という危機から国家を救った英雄として位置づけられている。法律上は、第2次世界大戦の功労軍人と同程度の権利が認められているという（第2次世界大戦も、ロシアでは「大祖国戦争」と呼ばれ、国家の危機とされている）。

第4章で紹介するように、「チェルノブイリ法」の策定を推進したのも、被害補償や功績の認定を求めるリクビダートルたちの運動であった。その意味で、チェルノブイリ法は「リクビダートル」保護法としての性格が色濃い。

原発事故の影響で病気を患った人々や、障害者となった人々には、他の被災者よりも手厚い補償が約束されているが、このカテゴリーに含まれるのは、主にはリクビダートルである。また病気や障害のあるなしにかかわらず、リクビダートルは多くの面で他の被災者よりも優遇される。主には補償金や追加有給休暇、医療サービス、住宅支給や年金支給での優遇が認められている。

当初「リクビダートル」と認められたのは、30㎞ゾーン内で原発の消火など直接収束作業に携わる人々だけだった。後に30㎞ゾーン以外の強制避難地域で作業に従事する人々も含まれるようになった。

このようにしてリクビダートルの範囲は広がっていき、一言で「リクビダートル」（事故収束作業者）といっても、さまざまな種類がある。汚染地からの家畜の避難や、事故の起きた原発の運用に従事する人など作業の種類も幅広く、事故収束作業に参加した時期や勤務地、仕事の内容などによって、被曝量や受けるリスクには差がある。そのため、同じ収束作業に従事した人でも作業に参加した時期によって、別の被災者カテゴリーに分類される。たとえば「1986年～1987年」の収束作業者と「1988年～1990年の収束作業者」では、別のカテゴリーであり、補償額やその他の権利の内容にも差がつけられる。

基本的には、より遅い時期に収束作業に参加した人のほうが、補償額が小さくなる。事故直後の2年間よりも3年目以降のほうが、対象地域の放射線量が低くなっており、リスクも低いと考えるためだ。

また「リクビダートル」が亡くなった場合、残されたリクビダートルの扶養家族に対して一定の補償や支援が与えられる。

「汚染地域」からの移住者

「汚染地域」からの移住者は、「強制避難者」と「自主的移住者」に分けられる。

「強制避難者」は、主に事故直後の数年間で30㎞ゾーンと、その外でも特に放射線量の高いいくつかのホットスポットから移住を余儀なくされた人々である。これらの人々に対しては不十分とはいえ、事故直後から移住先での住宅保障などの支援が実施されていた。1991年にチェルノブイリ法が採択された後に、「退去対象地域」の一部（「セシウム137濃度40キュリー／㎢以上または「5ミリシーベルト／年」超の地域）からも追加的に義務的移住が行われた。これらの人々も「強制避難者」に入る。

「自主的移住者」は、汚染地から移住した人のすべてがチェルノブイリ法で補償されるわけではない。先ほどから見てきた「汚染地域分類」の中で、「移住権」が認められる地域があった。そこから移住を希望する人のみ、チェルノブイリ法の補償対象になる。

補償対象となった「移住者」には、移住先での住宅支援や就業のサポート、引越し費用の支給が認められる。そしてもともと住んでいた地域に置いていかざるを得ない財産の賠償を受けることができる。「移住者」に対する補償の内容については、後ほど、「移住権」との関連で詳しく説明したい。

注意しておきたいのは、「強制避難者」の場合、「移住権」はないことだ。強制避難者は自分で移住を選択したのではない。そのため「移住権」は存在しない。その分「自主的移住者」よりも、金額などの面で手厚い補償が約束されている。

「汚染地域」に住む人々、勤務する人々

「リクビダートル」や「強制避難者」にはチェルノブイリ法成立以前から一定の支援があった。それに対して「汚染地域の居住者」が、居住コンセプトの確立を経て、法律で「被災者」として認められるまでには時間がかかった。

キセリョフは次のように指摘する。「事故直後の時期に、チェルノブイリ原発事故の結果放射能汚染を受けた地域に住む住民のステータス［補償対象者としての地位、扱い」を規定することは困難であった。汚染地域での居住にかかわる法制度を規定する特別な法規がなく、放射能汚染を受けた地域での住民の居住に関する共通コンセプトもなかったからだ」

「居住コンセプト」で、汚染地域で住むこと、活動することには一定のリスクがあることが認められた。汚染地域に住む人々や勤務する人々にも、リスクに見合った補償や支援が必要になる。チェルノブイリ法では、これを「居住リスク」補償とよぶ。

「汚染地域」といっても、先に見たとおり被曝リスクや土壌汚染度に大きな差がある。それぞれのゾーン分類に従って、各地域での住民の支援に差がつけられる。主には月額支給金額や追加有給休暇日数、年金支給額や年金支給年齢などの規定で差別化されることになる。後ほど第5章で「退去対象地域」の住民を例にとって、住民が受けることのできる支援の具体例を紹介したい。

### 子どもたち

「チェルノブイリ原発事故被災者」の規定の中で、もう1つ注目したいのが、「子ども」の位置づけだ。子どもは特に放射能による影響を受けやすいとされる。また放射能は、直接被曝した人だけでなく、続く世代にも遺伝的な影響を与えることが知られている。この問題について、チェルノブイリ法はどのように対応しているのだろうか。

チェルノブイリ法では、放射能の影響の特殊性を考慮して「子ども」の範囲を広く設定している。支援対象となる「子ども」の中には0歳未満を含めている。つまり、胎児や、まだこれから生まれてくる次世代の子どもが含まれるのだ。

強制避難地域や汚染度の高い地域（「退去対象地域」「移住権付居住地域」）から移住した場合、移住時にまだ生まれていなかった「胎児」も含めて支援の対象となる。また「子どもと未成年者に対する社会的支援策」（25条）では、被災者の子ども、そして孫以降の世代も補償の対象になりうる。両親のどちらか、または両方がチェルノブイリ原発事故により被曝した後に生まれた子どもも、一定の条件を満たせば支援や補償の対象になるのだ。

日本でも、福島第1原発事故時に被曝した可能性のある児童への、健康診断の制度作りが進められている。放射線による被害リスクの高い「子ども」への支援を考えるにあたって、チェルノブイリ法の考え方は参考になる。0歳〜18歳までを児童とする法律の枠組みだけでは、長期的に効果のある「子ども」の保護はできない。

## 3　国家の責任

このように「被災地」が分類され、「被災者」のカテゴリーが定められた。そしてそれぞれのカテゴリーの被災者に対して、どんな補償や支援がなされるのかも、基本的な枠組みが設定された。ここで1つ疑問が浮かぶかもしれない。チェルノブイリ法で定めた被害補償や支援を実施するには、膨大なお金がかかる。誰がこの資金を出すのか?
チェルノブイリ法の「法の実施のための資金拠出」(5条)には、次のように国家の財政責任が規定されている。

本法に定められた、チェルノブイリ原発事故の結果放射線被害を受けた市民に対する被害補償や社会的支援策の実施については、ロシア連邦が資金拠出義務を負う。ロシア連邦の資金拠出義務履行のための拠出手続きは、ロシア連邦政府が定める。

先に述べたとおり、原発事故の影響はあまりにも予見しがたい。影響は広範囲に広がるとともに、長期に続く。個別の対策ではなく、法律によってのみ、長期的な被害補償の展望を示すことができる。同時に、その法律に定められた施策が実施されることが、保証されなければならない。それができるのは、今の世界では国家しかありえない。このような認識が、チェルノブイリ法第5条の背景にある。
チェルノブイリ原子力発電所は国営であった。だから被害補償の責任を国家が引き継いだ、ということになるのかもしれない。しかし原発運営企業が民間であったとしても、施策の確かな実施を保証しなくてはならないという根本的な問題は変わらない。原子力発電所事故の被害補償の問題は長く続く。どんな巨大企業でも、数十年以上続く被害を補償しきれるものではない。
国家が財政責任を担ってこそ、長期的に実施できる施策は多い。チェルノブイリ法の場合、何よりも被災者に対する無料健康診断が、一生涯にわたり約束されている。「チェルノブイリ原発事故の結果被災した人々に提供される放射線防護と医療サービス」（24条）の規定に注目してほしい。

本法13条に示された市民［全カテゴリーの被災者］および1986年4月26日以降に生まれたそれらの市民の子どもは、「ロシア連邦市民に対する無料医療支援国家補償」プログラムの枠内における義務的医療保険の対象となり、一生涯にわたり特別健康診断（予防医学的健康管理）を受けなければならない。

これは「長期的に国民の健康を守る」という展望を示す上で、重要な規定である。「一生涯にわたり」「事故後に生まれた子どもも含めて」という長期的な約束は、国が財政責任を担ってこそ可能になる。
原子力発電所を運営する企業にも、当然責任はある。▼1 しかし一電力企業を通じた賠償では、被

▼1　チェルノブイリ原発事故では、事故の原因が原子力発電所のオペレーターのミスにあるとされた。所長をはじめ原発の運営に携わった従業員ら数名は、刑事犯として処罰されている。しかし、本当にオペレーターだけの責任なのか、設計に問題はなかったのか、という議論は、今に至るまで続けられている。

災者が直面する長期的なリスクや問題に対応することはできない。各国の放射線被害補償に関する法制を調査した経験に基づき、ベリキン氏は次のように指摘する。「原子力事故の被害補償で問題になるのは3つ。『誰に』『何の被害に対して』『どれだけ（の補償）』だ。『誰が』という問題は、最初からわかりきっている。放射線被害の性質上、補償できるのは国だけだ」

## ◉第3章のまとめ

チェルノブイリ法は法律である。「どこまでが被災地なのか」「誰が被災者なのか」「誰にどんな補償や支援をするのか」主にこの3点を定めた法律である。

原子力発電所事故の影響は、広範囲、長期にわたる。私たちがまだ予測しきれないことも多い。法律を定め、被災地の位置づけと被災者の権利を明確にしてはじめて、一貫した長期的な対応をとることができる。さもなければ、次々と生じる問題や抗議・訴訟に、延々と事後対応を続けることになる。チェルノブイリ法の必要性が認識され、法案の策定に向かった経緯が、このことを物語っている。

「どこまでを被災地と認めるのか」「誰を被災者と認めるのか」、この基本的なルールを定めなければ、国民と国家が「被害補償」の共通認識にたどり着くことはできない。国は「補償を求めるすべての人々」と、半永久的な対立の悪循環に陥るのではないか。

チェルノブイリ法は、事故から5年経って成立した。遅すぎたがために、社会的混乱を増長させてしまった。このことは原発事故被害の問題に直面する日本にとっても、重要な教訓である。

被災地の制度という観点から見て、チェルノブイリ法の最も重要な特徴は、次の2点だ。⑴「住民の平均実効線量1ミリシーベルト／年」を何らかの措置をとる介入基準として法律に定めたこと。⑵「住み続けるか移住するか、選択が認められた地域」が設定されていること。

現在日本では、福島第1原発事故後の放射線基準について、国の方針と住民の認識が一致しているとは言いがたい。避難を希望しながらも、何の権利も認められず、自己責任で県外に出て行く人々の数は事故後1年で急増した。日本が国民にどんな「居住コンセプト」を示すのか。それが今求められている。

「幸い」とはとても言えないが、私たちには「チェルノブイリ法」という先例がある。チェルノブイリ法の考え方を取り入れるのか、批判して乗り越えるのか。何にせよ、唯一の先例を無視すること、関心を持たないことはできない。

# 第4章　チェルノブイリ法を作った人々

前章では、チェルノブイリ被災地の区分や、被災者の権利を定めた「チェルノブイリ法」を紹介した。チェルノブイリ法ができてようやく、「どこからどこまでが被災地なのか」が明確になった。ノボズィプコフ市の人々も、チェルノブイリ法の規定に従って、一定の補償を受けている。移住の権利も、チェルノブイリ法が定めたものだ。

もちろん、このチェルノブイリ法は、自然発生的に出来上がったものではない。被災者たちの中から補償を求める声が上がり、それが大きな運動となって法律の成立につながったのだ。運動の中で主な原動力となったのは、市民団体「チェルノブイリ同盟」である。「チェルノブイリ同盟」を設立したのは、原発事故収束作業に参加した「リクビダートル」と呼ばれる人々であった。

チェルノブイリ同盟は、被災者たちの声を法律に反映すべく、ロビー活動に取り組んだ。国家に長期的な財政責任を求めるような法律を、どうやって成立させることができたのか。どのように、補償を求める被災者たちと、遅ればせながらも新しい制度作りを模索する政治家たちが合意に達することができたのか。ソ連末期という、折しも国が根底から変わろうとしていた特殊な社会的

・政治的状況の中で作られた法律であることは事実だ。しかしチェルノブイリ法を作る運動の中で、人々が解決しようと取り組んだ問題は、驚くほどに、原発事故後に私たちが直面している問題とつながっている。チェルノブイリ法を成立させたプロセスの中に、日本での制度作りにあたって参考になるヒントがある。

チェルノブイリ同盟が、被災者の声を吸い上げて合意を形成しながら、チェルノブイリ法を成立させた、その経緯を知っておきたい。

筆者は、ロシア訪問調査中に、チェルノブイリ同盟のメンバーたちと会うことができた。彼らにチェルノブイリ法策定の経緯や、チェルノブイリ同盟の取り組みについて話を聞いた。

## 1　チェルノブイリ同盟とは

「チェルノブイリ同盟」は原発事故収束作業者と、その遺族の権利保護を目的として設立された、ソビエト連邦全国規模の市民団体である。１９８９年に設立された。

当初はキエフ、ハリコフ（ウクライナ）、モスクワなど、いくつかの地域で同じ時期にばらばらに結成されていた。それらの団体が結束して、１９９０年にソ連全体の「チェルノブイリ同盟」が結成された。このもともとは事故収束作業者（リクビダートル）を主体とした市民団体に、放

チェルノブイリ同盟設立の経緯

| | |
|---|---|
| 1989年 | チェルノブイリ原発事故収束作業者およびその遺族の会議開催 |
| 1989年4月26日 | 「チェルノブイリ同盟」設立会議開催 |
| 1990年 | 全ソ連「チェルノブイリ同盟」を設立し、複数の組織を統合 |
| 1990年12月10日 | 全ロ社会組織「ロシア・チェルノブイリ同盟」設立。当時ロシアだけでリクビダートル10万人以上、汚染地域居住者20万人以上を抱える団体となっていた |
| 1998年 | 全ロ障害者社会組織「ロシア・チェルノブイリ同盟」として再登録 |
| 2005年～ | 全ロ社会団体同盟「ロシア・チェルノブイリ同盟」として活動 |

射能汚染地域の住民たちも、権利保護を求めて合流したのである。

１９９１年のソ連解体後は、ロシアでは「ロシア・チェルノブイリ同盟」が活動を引き継いでいる。

２０１１年時点での「ロシア・チェルノブイリ同盟」のメンバーは、総数約10万人。チェルノブイリ原発事故や、その他の原子力事故の収束作業者が主なメンバーである。それ以外に、原爆実験の被害者や放射能汚染地域に住む市民が参加している。「ロシア・チェルノブイリ同盟」レニングラード州支部のベリキン支部長によれば、正会員になれるのは主にリクビダートルで、汚染地域に住む人々は集団会員という扱いになる。同盟はロシア国内に70の地方支部を展開している。

「チェルノブイリ同盟」の最も重要な活動は、「被災者の権利保護」のための政策提言である。チェルノブイリ同盟は「チェルノブイリ法」の法案策定に参加し、その後も被災者の声が反映されるように、修正案の作成に取り組んできた。チェルノブイリ法が成立してから約20年、度重なる法改正によって被災者への補償は縮小されてきたが、そのたびにチェルノブイリ同盟は、憲法裁判所に訴えるなど異議申し立てを行っている。

また「チェルノブイリ同盟」は、チェルノブイリ原発事故に関する情報発信や、教育活動にも取り組んでいる。チェルノブイリ同盟のメンバーたちは、自分たちの「功績」を国が認めるように求めてきた。彼らは命を懸けて事故収束作業に参加した自負がある。収束作業に参加した後に命を失った仲間も少なくない。メンバーたちは、リクビダートルの功績や、チェルノブイリ事故の悲劇が忘れ去られていくことを強く懸念している。情報発信と教育活動に力を入れているのもそのためだ。たとえば「ロシア・チェルノブイリ同盟」はチェルノブイリ事故に関する書籍を出版し、資料館の設立や展示の企画にも取り組んできた。そして「チェルノブイリ」の英雄を記念する記念碑やボードも建てられた。6000人以上が、英雄的行為に対する国家褒章を与えられた。

そのほかチェルノブイリ同盟では、Rchメディアという出版局を設け、会員向けの新聞や機関誌を発行している。これらの媒体を通じて、被災者たちに複雑な補償手続きの問題を解説している。また新聞に、「家庭の医学」に関するコーナーを設けて、被災地住民の健康保護教育に努めている。

### チェルノブイリ同盟の立法活動と成果

チェルノブイリ同盟は、設立の当初から、法律を作る活動を主軸においてきた。補償を必要とする被災者の声を法律に反映し、復興への支援を実行させるためだ。

１９８９年6月27日に採択された同盟の「規約」がある。この規約には、立法府の作業に積極的に参加する方針が掲げられている。「人民代議会および同議会の常設委員会の作業への参加」「人民代議会議員候補の擁立」といった方針が明記された。

「人民代議会」というのは、１９８８年のソ連憲法改正によって誕生した新たな立法府（厳密には、立法・行政・司法の三権を統合する権力機関）である。チェルノブイリ法成立の背景として、この「人民代議会」の誕生は重要である。それまでの選挙制度では、市民団体のメンバーが候補を立てて、議会に代表者を送り込むようなことはできなかった。憲法改正に伴う選挙制度の民主化により、従来の選挙では候補者は1人しかいなかったのが、複数候補による競争選挙に改められた。１９８９年3月の選挙では、チェルノブイリ被災者の権利保護を求める候補者たちも立候補した。そして法律策定のプロセスに、被災者やチェルノブイリ同盟の声が反映されるようになった。この流れの中で成立したのが、「チェルノブイリ法」である。

チェルノブイリ法案の作成は、ソビエト連邦最高会議の社会政策委員会が担当した。他にも「チェルノブイリ原発事故被災者の社会支援問題」を担当する委員会や、「環境問題委員会」が設置された。これらの委員会では、「チェルノブイリ同盟」の準備した提言を土台として、チェルノブイリ法案の策定を行った。

当時はソ連解体直前、ペレストロイカの時期にあたった。「類を見ないほど政治的に活発な時期だった。あの時代だったからこそ、比較的短期間に密度の濃い議論がなされ、チェルノブイリ法が成立した」と、チェルノブイリ同盟のベリキン氏は語る。

チェルノブイリ同盟のメンバーも、議員として議会に参加した。また議員ではないメンバーも、政策提言活動を続けた。このようにして、チェルノブイリ同盟は被災者の法的地位の向上、補償の充実を勝ち取っていく。

たとえば、チェルノブイリ法に先立って、1990年には、チェルノブイリ原発事故収束作業参加者に対する社会支援・医療サポートを定めた決議[1]が採択された。この「決議」で、リクビダートルの社会的ステータスが確立された。第2次世界大戦の功労軍人と並ぶ権利は、この決議によって認められるようになったのだ。功労軍人と同レベルの補償を受けることが認められたことで、「命を懸けて国家を救った英雄」としての位置づけが法的にも保障された。リクビダートルが被災者の代表として発言力を持ったのも、「英雄」として社会的な尊敬を受けていたためである。

その他、長期医療サポートや被災者支援のプログラム策定でも、チェルノブイリ同盟の提案が参考にされた。

ソ連解体後、1993年に新しくロシア連邦憲法が制定された際にも、チェルノブイリ同盟の提案が反映されたという。同憲法第42条には、「各人は良好な環境、環境の状態に関する信頼に

▼1　1990年3月31日付ソ連閣僚評議会および全ソ連労働組合中央評議会決議N325「チェルノブイリ原発事故収束作業参加者の医療サービスおよび社会支援の向上策について」

たる情報、環境にかかわる法規違反によって受けた健康または資産の被害補償を受ける権利を有する」と定められている。

前に見たとおり、チェルノブイリ同盟は、もともとソ連全国規模の組織として設立された。ソ連解体とともに、ロシアでは「ロシア・チェルノブイリ同盟」として活動を続けている。この組織となってからも、立法活動が同盟の活動の要であることは変わっていない。「ロシア・チェルノブイリ同盟」設立時の規約には、次のように方針が定められている。

ロシア連邦最高会議とロシア連邦政府に対して、原発事故収束作業者および原子力施設事故被災者の法的保護に関する提案の準備と提出をする。

1994年の2月に「ロシア・チェルノブイリ同盟」は、ロシア連邦非常事態省と協力に関する合意を締結した。非常事態省は、ロシアでチェルノブイリ被災地問題を管轄する国家機関である。被災者保護に関する法律の適用状況を評価すること、そして法的基盤の改善に向けた提言をまとめることが、協力の主な内容である。同年12月の第2回同盟大会では、「ロシア・チェルノブイリ同盟」に、政策提言作成に取り組む常設委員会が設立された。

2011年でチェルノブイリ法制定から20年が経過した。現在に至るまでチェルノブイリ同盟は、被災者の声を法律に反映するための活動に取り組んでいる。同時にチェルノブイリ同盟には、被災者と政府の間を結ぶ役割も求められている。被災者の権利を訴えることは大切だが、政府と対立してばかりでは、現実的な問題解決はできない。政府と緊密に協力しながらも、住民の側に立った政策提言に努める。この難しい舵取りが、常にチェルノブイリ同盟の課題である。

近年、政府との協力がうまくいっていないとの指摘もある。「2001年以降、政府はわれわれの声をまったく聞かないようになってしまった」とベリキン氏は語っている。もともと1998年の財政危機以降、政府が補償を増やすような政策提案を敬遠する傾向はあった。プーチン大統領の第1期目になると、その傾向はより強まったという。自らノボズィプコフを訪問したエリツィン大統領の時代と比べて、プーチン大統領時代以降は、チェルノブイリ被災地問題への中央からの関心は高くないという。

## 2 チェルノブイリ同盟の人々

チェルノブイリ法は、チェルノブイリ同盟のイニシアチブで制定された。第3章でも説明したとおり、チェルノブイリ法では「移住の権利」や、リクビダートルに対する健康被害補償を認めている。

国家に対して、長期的に巨額の財政負担を義務づける法律である。どのようにして、チェルノブイリ同盟は、この法律を作ることができたのか。チェルノブイリ法の法案策定に参加したアレクサンドル・ベリキン・チェルノブイリ同盟レニングラード州支部長に話を聞いた。

また、チェルノブイリ同盟は、各地域に支部を展開し、被災地域の住民たちを支援してきた。現地では、実際にどのようにして被災地域の住民を支援しているのか。ブリャンスク州で住民支援に取り組む「ロシア・チェルノブイリ同盟」名誉会員ビャチェスラフ・カルニュシン氏にも話を聞くことができた。

## 原発事故の補償は国が行うしかない

アレクサンドル・ベリキン
ロシア・チェルノブイリ同盟レニングラード州支部長
ロシア・チェルノブイリ同盟「立法活動・法廷弁護」委員長

ベリキン氏は、リクビダートルとしてチェルノブイリ原発事故収束作業に参加した。その後チェルノブイリ同盟の一員として、チェルノブイリ法の法案策定に参加している。もともとはエンジニアであるが、原発事故被災者保護法を作るために、第2の専門として法律を学んだ。

1989年にレニングラード市（今のサンクトペテルブルグ）およびレニングラード州におけるチェルノブイリ被災者組織設立のための発起人グループ

に参加。チェルノブイリ同盟の設立当初から、幹部の1人として活動してきた。1993年以降、ロシア・チェルノブイリ同盟北西地区代表部長を経て、同レニングラード州支部を設立し、代表を務める。

チェルノブイリ同盟メンバーの中で、最も法律に詳しい専門家の1人である。チェルノブイリ法案策定にあたっては、各国の放射線被害補償に関する法制を参考にしたが、その中で広島・長崎の被爆者の問題についても調べたという。福島第1原発事故被災地の制度作りに、チェルノブイリ法策定の経験を役立てることができれば、と好意的にインタビューに応じてくれた。その後2012年5月には、訪日してチェルノブイリ法についての講演も行っている。

## リクビダートルの1人として

チェルノブイリ原発事故収束作業のため特別召集を受け、1986年9月~12月に放射線偵察小隊長として作業に参加しました。放射線偵察隊は先遣部隊として、事故のあった原発周囲の放射線状況を調査する役割です。その意味で、最も放射線の高い場所に足を踏み入れる危険のある仕事でした。

3カ月間事故収束作業に参加した後に、高い被曝を受けたことが原因で、1986年12月から数カ月入院しました。1987年2月には、原発事故収束作業参加を原因とする障害者認定を受けました。この認定があったおかげで、後に被災者としての被害補償を受けられるようになったのです。

私の場合は、収束作業に参加してすぐに入院したため、原因の特定が比較的容易でした。でも、何年もたってから健康被害が出る人もいます。何年も後に被害認定を求めたとしたら、私も「チェルノブイリ原発事故収束作業が原因」と認定されたかどうか、分かりません。審査の手続きは、もっと複雑になっていたでしょう。

同じ時期に収束作業に参加したリクビダートルで、命を落とした人もいます。私と同じ時期に入院していた若い収束作業者は、入院中に亡くなりました。彼の肝臓からは、多量・多種の放射性核種が検出されました。検査を担当した医師は、「メンデレーエフの周期表にある物質が全部詰まっている」と驚いていました。原発事故収束作業への参加が、彼の死の原因であったことは明らかです。でもその若者の死因は「胃炎」と記録されました。原発事故収束作業が原因で死亡した人々の人数については、公式な数字があります。でも、この若者はその「死亡者数」に含まれていないのです。公式な統計には、事故直後の数年で死亡したリクビダートルたちは、入れられていないと思います。

事故収束作業者は、最も高いレベルの放射線にさらされます。日本でも遅かれ早かれ、事故収束作業者への支援や保護の問題が重要になるでしょう。

日本で「被災者」の問題は、主に避難者や、汚染地域の住民のことを中心に論じられています。しかし「収束作業参加者」に対する医療保障や支援の問題も重要です。それが東京電力の従業員であっても同じです。やはり収束作業者保護の問題は、考えていかなければなりません。

## チェルノブイリ法を作った原動力

チェルノブイリ法は、高いリスクを負って、危険な環境での仕事に従事したリクビダートルたちが補償を求める中で生まれた法律です。チェルノブイリ原発事故の収束作業に参加した後、健康被害の比較的軽いリクビダートルたちは、もとの職場へ戻りました。別の新しい仕事についた人もいます。その際に、リクビダートルたちには給与の割り増し支給や、住環境改善、その他もろもろの特典が約束されていました。しかし、その約束は十分に果たされなかったのです。

各地域の国家機関は、「リクビダートルに対して特典を認めるように」と記した指示を発行するだけで、実際に特典が受けられるように面倒を見てくれることはありませんでした。

「チェルノブイリ同盟」は、公式には1990年に設立されたことになっています。でも、すでに1989年には、法案作成に向けた作業は始まっていました。「チェルノブイリ法」初版の法案策定には、私も参加しました。

最高会議の社会政策委員会や、環境問題委員会のメンバー議員たちが、法案の策定に協力してくれました。私たちリクビダートルには当初、法案策定の経験はありませんでした。法案のアイデアは私たちが作りました。その際、議員たちの協力によって、法律として形の整ったものに仕上げることができたのです。

しかし、一部の議員の協力だけでは、法の成立にはたどり着けなかったでしょう。さまざまな要因が重なって、チェルノブイリ法の制定が実現しました。特に次に挙げる要因が重要な推進力となりました。

(1)1991年が、政治的に非常に活発な時期であったこと。各議員が「有権者の声を反映し、住民のためになることを公約にしなければ、選挙に勝てない」と理解していたこと。

(2)グラスノスチ(「情報公開」)の方針で、それまで極秘とされていた文書が公開され、チェルノブイリ原発事故に関する極秘文書も明るみに出されたこと。

(3)チェルノブイリ原発事故5周年にあたり、マスコミがあらためてチェルノブイリの被害に焦点を当てた報道を活発に行ったこと。

(4)ロシア共和国の議員だけでなく、ソ連内の他の共和国の議員たちと協力体制が作れたこと。特にカザフスタンの議員が、セミパラチンスク実験場での核兵器実験による放射線被災者の社会的保護について、問題を提起していた。それらの動きと連携できたこと。

このような要因が重なって、1991年5月12日付でソ連法「チェルノブイリ原発事故の結果被害を受けた市民の社会的保護について」が採択されました。そして同月15日にはロシア共和国のチェルノブイリ法が採択されたのです。ソ連解体後1992年6月には、ロシア連邦の法律としてチェルノブイリ法の新版が採択されました。

原発事故による被害補償の前提として、「国の補償責任」を明記することが大切です。原発事故被災者保護の法律で重要になるのは、「誰に」「どんな被害やリスクに対して」「どれだけ」という点です。「誰が補償するのか」という問題は、最初から明らかです。原子力発電所事故が起こった場合に、補償ができるのは「国家」だけです。発電所の運営主体が民間企業だとしても、問題は変わりません。

## チェルノブイリ法の問題点

私は法案の段階から、チェルノブイリ法策定に参加してきました。しかしチェルノブイリ法の実際の適用状況を見れば、自慢できることは何もありません。20年の歴史の中で、チェルノブイリ法の修正による改悪もありました。

今でも、チェルノブイリ法の改善のために、修正案の策定に取り組んでいます。改善の必要性はいろいろありますが、特に2つの点についてチェルノブイリ法の問題を指摘したいと思います。

### 問題点1　汚染地域の定義は被曝量を基準にすべき

チェルノブイリ法では、土壌汚染と被曝量のレベルが「汚染地域」区分の基準となっています。本来、被害補償は「被曝量」を基準にしなければなりません。それなのに、汚染地域に住む人々への補償や支援は、主に土壌汚染のレベルによって決められています。土壌汚染度が低い地域では、補償の額や支援の規模も小さくなります。

しかし事故で高い被曝を受け、その後に汚染度の低い地域に住んでいる人もいるのです。それまでどれだけ高い被曝を受けていても、今住んでいる地域の汚染度が低ければ、少額の補償しか受けられないことになります。高い被曝を受けて健康被害リスクの高い層の被災者に、集中的に補償をする制度が必要です。

とはいえ、事故の時点までさかのぼって、すべての被災者の被曝量を確定することは困難です。事故直後は、広範囲な被害状況を細かに把握するための情報が不足していました。また長期にわたる放射能の影響については、予見ができませんでした。チェルノブイリ法で土壌汚染基準が採用されたのは、その方が測定や被災地の区分がやりやすいためです。その意味で、妥協策であったといえます。

「居住コンセプト」では、汚染地域の基準は「1ミリシーベルト／年」超です。本来1ミリシーベルト以下であれば、被災地として認められないはずです。しかし「特恵的社会・経済ステータス付居住地域」では「被曝量は1ミリシーベルトを下回る」と規定されています。本来なら補償の対象にならない地域なのです。それなのに、チェルノブイリ法で「汚染地域」と認められているのは矛盾です。

現在ロシア国内で、この「特恵的社会・経済ステータス付居住地域」に150万人が住んでおり、全体で1年に80億ルーブル（2011年のレートで約200億円）が支払われています。でも1人あたりがもらえる金額はわずかで、実質上何の助けにもなっていません。その分の資金を、より高度な被曝を受けた人々への補償に振り向けたほうが意味があります。広く浅くではなく、健康被害リスクの高い人々に、重点的に資源を投入することが必要です。

### 問題点2　国家の責任としての「被害補償」から「社会的支援」への改悪

チェルノブイリ法が制定されてから、20年以上が経過しました。この間にチェルノブイリ法には、数々の修正がなされています。それに伴い、補償額や支援の規模が縮小されました。

2001年の改訂[1]が特徴的でした。この改訂によって、国家の義務であるはずの「被害補償」が、任意の「支援」に変えられてしまったのです。

もともとリクビダートルは、国家との契約で危険作業に従事した人々です。その作業で被害を受けたことから、労働災害被害者として補償が与えられていました。民法の労働災害の規定に基づいて、以前受け取っていた給与額などを基準に補償額が定められていたのです。「被害補償」はロシアの法律において、履行が義務づけられる権利です。

しかし、2001年の改訂時に、「被害補償」という言葉が「被害を補償するための月額支給金」

▼1　2001年2月12日修正N5-FZ

というように、巧妙に書き換えられました。細かな表現の違いに見えるかもしれませんが、法律上は大きな差があります。

この改正によって、リクビダートルへの補償は、「国家から与えられる支援」という位置づけに変わってしまったのです。「社会支援」であれば、財政状況に応じて政府が縮小や打ち切りを決定することも容易になります。

また、補償はできるだけ、現物・サービスの形で支給することが重要です。被災者に支払われる支給金額は年々減少し、インフレにより価値を失っていきました。チェルノブイリ法を策定した当時は、できるだけ「現物・サービス支給」の形での補償を盛り込むように努めました。

以前は私も、サナトリウムでの保養が無料で受けられ、必要な薬品も無料で支給されていました。しかし法律の改悪によって、現金支給に切り替えられていったのです。私の場合は、月額支給金で1800ルーブル支給されるようになりました。保養所への旅費は3万6000ルーブルです。現金支給に変えられてから、保養所へ行くことはできなくなりました。

現金ではなく、健康診断や医療サービスなど、被災者が本当に必要としているサポートを長期的に提供することが重要です。

## 被災地域の声を国の政策に反映する社会団体が必要

カルニュシン氏も、チェルノブイリ原発事故の収束作業に参加したリクビダートルである。高いレベルの被曝を受け、収束作業後2年間は、歩くこともできなかった。すでに高齢であるが、8歳と4歳の娘がおり、さらに第3子が誕生する予定であるという。娘の1人は骨髄移植を必要とする病気であるとのことである。

カルニュシン氏の事務所は、州の公務員の職業訓練や研修のための施設の中にある。「チェルノブイリ同盟」は市民団体でありながら、州行政府とのつながりが緊密である。カルニュシン氏は、ブリャンスク州知事補佐を務める立場にもあり、被災地住民の声を集約しながら、地域の政策に反映させていく役割を担っている。

ビャチェスラフ・カルニュシン

「ロシア・チェルノブイリ同盟」名誉会員
ブリャンスク州チェルノブイリ原発問題指導者
ブリャンスク州知事補佐

### 被災地特有の医療支援の必要性

チェルノブイリ原発事故後、キエフではがんが増えています。原発事故では、多種の放射性物質が居住空間に放出されます。その面で原爆よりも厄介です。広島の体験や被爆者に対する支援の枠組みを、福島原発事故被災者にそのまま当てはめることはできないでしょう。日本でもチェルノブイリ法のように、原発事故被害に特化した法律が必要になると考えます。

私は、長期にわたる低線量の被曝の影響のほうが、人体には危険だと考えます。セシウムだけでなく、プルトニウムやストロンチウムも、より詳細にチェックしなければなりません。チェルノブイリ事故収束作業者の85％に、何らかの形での精神障害があります。被曝後長く生きている人もいますが、亡くなった人も少なくないのが現実です。影響には個人差があります。長生きした一部の人々を例にして、「誰にでも安全」と言い切ることはできません。

医療支援は、特に子どもを対象に、特に甲状腺、神経症、心臓、血液の病気をチェックする必要があります。事故時に被曝した本人だけでなく、その子ども、さらに第3世代までを対象に検査が行われるべきです。

### 基本法の必要性

政府は、無限の財政支出をすることはできません。補償や支援のルールが必要です。長期的な補償の枠組みがなければ、住民のストライキ・大規模デモ、絶え間ない訴訟が起こり、社会は混乱に陥ります。そのような事態を避けるためにも、長期的に被災者に一定の補償をする義務を定めた基本法が必要です。

1991年にチェルノブイリ法が採択される以前にも、さまざまな支援プログラムが個別に実施されてきました。しかし、プログラムは財政難や政権交代ですぐに打ち止めになる危険があります。法律に国家の義務を明記することで、住民に対する長期的な支援を保証できるのです。

チェルノブイリ法のおかげで、ソ連解体後の１９９０年代の混迷期にさえ、一定の資金拠出が続けられました。ソ連解体後の混乱期、財政支援が止まったのは数カ月だけでした。それ以外の時期は、ロシアでは国家が支給を続けてきました。

経済が混乱していた１９９５年にも、チェルノブイリ・プログラムの枠内で、ブリャンスク州内に１５００件近い建設案件が生まれました。２００８年の金融危機時にも、支給額は減らされませんでした。現在、政府はバリアフリー・インフラの整備のための資金拠出も約束しています。

とはいえ、法律の策定には時間がかかります。原発事故直後で法律ができるまでの間は、前段階として、すぐにでも各種プログラムを実施すべきでしょう。

財政負担は国家が担うべきです。電力会社１社で負担しきれるものではありません。結局電力会社が破産して、国家に頼るようになってしまうでしょう。

## 時代とともに変わる被災地政策の重点

事故後、最初の数年の優先課題は移住政策です。チェルノブイリ法では自主的移住者に対しても、後に証明書を見せて補償金や特典を受けるシステムが保障されています。統一の住民記録をつけて、誰がどこに移住したのかを追跡できるようにする必要があります。

移住した人々にとって、就職など新地での社会的適応が困難な課題です。これらの問題について、法律に移住者へのサポートを定めることが必要です。

被災地の復興の観点からは、地域の経済的自立が最重要になります。特に被災地での雇用の確保、幼稚園（教育施設）の充実の2つが要となります。この2つがなければ、被災地域に人が集まってくることはありません。

経済的自立が達せられれば、国や地方としても、それ以上補助を払い続ける必要はありません。経済的自立がない限り、補助金頼りの地域となってしまいます。

## 被災者の声を集約する社会団体の必要性

「チェルノブイリ同盟」は、1990年に設立されました。1986年の事故後、チェルノブイリ同盟ができる前にも、多くの市民団体が設立されました。私自身も、以前は「チェルノブイリの鐘」という団体を設立して活動していました。

小さな組織は後に解体されるか、チェルノブイリ同盟に合流していきました。小規模な団体では、被災者の意思を政治に反映させにくいのが実際のところです。また利益団体となった団体ほど、長続きしませんでした。

1991年のチェルノブイリ法採択以降、この法律の修正や補足についての提案を行ってきました。チェルノブイリ同盟のモスクワでの大会には、大臣や国会議員も出席しています。2011年9

月現在、同盟のブリャンスク州組織には19の地区支部があり、約500人のリクビダートルが参加しています。私の事務所へは年間500人（住民やリクビダートル）が訪れています。放射能の問題は多世代にわたるため、今後は主要メンバーの子どもたちが活動を引き継いでいく方針です。この世代交代は重要な課題となっています。

同盟の会員にはアンケートをとって、彼らがどんな問題に直面しているのかを調査し、支援プログラムに反映させています。同盟が提案した修正法案によって、約1000世帯が追加で住宅補償の対象となりました。以前は障害者の定義から外されていた被災者への補償も充実させました。国家に被災者支援を約束させて、その約束を守らせるためにも、全国規模の市民団体によるチェックが必要です。チェルノブイリ法では、市民団体が法の不履行に対して国を訴える権利も保障されています。それが国に支援を中断させないよう助けているのです。

## ◉第4章のまとめ

チェルノブイリ法成立の原動力となったのは、事故収束作業に参加した人々であった。彼らは、被災者の中でも短期間に最も高いレベルの被曝を受けた人々である。ベリキン氏やカルニュシン氏のように、収束作業参加後に健康状態が悪化した人々は多い。また「命を懸けて国家的危機に立ち向かった」という自負や、「国家的英雄」として社会的な尊敬を受けていたことも、リクビダートルの運動を精神的に後押ししたといえる。

本書では、被災地域の住民や避難者に対する支援に関心を向けてきた。しかし「事故収束作業者に対する支援も、遅かれ早かれ問題になるだろう」というベリキン氏の指摘は、考慮しなければならない。「チェルノブイリ法」が「リクビダートル保護法」としての性格を持つことは、注意しておきたい。

東京電力福島第1原発事故被災地の場合でも、事故の起きた発電所における作業は、これからも続く。また汚染地域における除染や環境整備についても、今後膨大な作業がある。これらの作業に従事する（従事した）人々に対する健康保護、労働災害時の補償の問題など、考えなければいけないことは多い。

もちろん、「チェルノブイリ法」は、リクビダートルだけによって作られたものではない。被災地域の住民や避難者たちも補償を求める声を上げ、リクビダートルたちの運動に合流していった。チェルノブイリ同盟のような全国規模の市民団体が、多様な被災者の声を吸い上げ、政策提言をまとめる役割を担った。

同時に、「民衆からの圧力で、政府に作らせた法律」ととらえるのは間違いである。ベリキン氏は、当時の議員たちと協力してチェルノブイリ法を策定したことを強調している。カルニュシン氏も、「国と住民の対立で社会が混乱に陥らないためにも、長期的な補償を約束する法律が必要だ」と指摘している。「国対被災者」という対立でとらえるのは適当ではない。双方にとって必要であるからこそ、チェルノブイリ法は成立したのだ。

原子力発電所事故の被災地では、復興の道のりは長いものになる。住民の国や行政に対する信頼がなければ、本当に総力を挙げた復興は不可能である。法律によってこそ、国は長期の支援と補償を約束できる。被災地域の制度や被災者の権利を定めた法律があってこそ、人々は長期的な展望をもって復興を考えることができる。

# 第5章　「移住の権利」と「居住の権利」

福島第1原発事故の後、国の指示で避難が行われたのは、主に20㎞圏内であった。この20㎞圏外でも、被曝量が20ミリシーベルト／年を超える恐れのある地域では、計画的避難区域、および追加的に避難勧奨地点が設定された。

しかし20ミリシーベルト／年を下回る地域からも、健康被害を懸念して自主的に避難した人々は少なくない。そして避難を希望しながらも、さまざまな理由で避難できない人々もいる。自主的避難者に対しては、国が責任をもってサポートする制度がない。事故から約5年経った時点で、低線量被曝のリスクがある地域に住む人々の権利を定めた法律もない。

放射能汚染地域から自主的に避難する人々の権利を、どうやって保障するのか。また住み続ける人々には、どのような支援が必要なのか。多くのチェルノブイリ被災地では、事故直後からこの二重の問題と格闘してきた。そして1991年に、「チェルノブイリ法」が「移住権」のある地域を設定した。その後はこの法律の枠組みに従って、「移住者」と「住み続ける人々」への支援が実施されてきた。筆者の調査したノボズィプコフ市は、チェルノブイリ法で、「退去対象地域」

に位置づけられた。ここでは住民は他の地域に移住する支援を受けることも、住み続けることも、権利として認められる。

日本の被災地支援にとっても、「退去対象地域」の経験は重要な参考例になる。

## 1　移住者の権利

チェルノブイリ法に定められた「退去対象地域」の住民が移住を希望した場合、移住と移住先での生活に対して、一定の支援を受ける権利がある。

「退去対象地域」から移住を希望する市民の権利は、チェルノブイリ法の第17条（「疎外ゾーンからの避難者および退去対象地域から移住した（する）市民に対する被害補償と社会的支援策」）に定められている。

移住者の権利は、主に「引越し費用の支給」「雇用保障」「住宅支援・不動産の補償」という3つの分野で定められている。そのうち重要なものを紹介したい。

次頁の表のように、実際の引越しにかかわる費用支給から、移住先での就職支援に至るまで、幅広い権利が認められている。シングルマザーや健康上の問題を抱える移住者に対しては、これ以外に追加的サポートがある。荷物の積み下ろしサービスの費用が支給されるのである。このよ

| | |
|---|---|
| 引越しに関する支援 | ・家族1人あたり500ルーブル（2011年10月現在のレートでみると1,250円程度）の移住のための一時補償金支給<br>・移住のための交通費、荷物の輸送費の支給 |
| 雇用保障 | ・もとの地域で労働法に従って雇用契約を解消できる<br>・移住先で移住者の職能に従って優先的に雇用される<br>・移住先での求職期間中、4カ月間まで平均月収が支給される<br>・職業訓練を受ける場合に、訓練期間中平均月収が支給される |
| 住宅支援・不動産の補償（喪失財産の補償） | ・もとの地域に保有していた不動産・家財の賠償を受ける<br>・移住先での住宅入手に関して、優先的に支援を受ける |

うに、移住を希望する市民が、その希望をかなえられるように、実際に必要となる支援が詳しく法律に書き込まれているのだ。

ちなみに、ここに示した移住一時手当の金額500ルーブルは、法律が修正されて減額されてしまった後の金額である。チェルノブイリ法の当初の版では、移住する家族1人につき、「法定最低賃金の5倍の額」が移住一時手当として支払われる決まりであった。その後、2000年8月7日付の法律修正[1]によって、この移住一時手当の額の表示が変えられ、「500ルーブル」という数字で示されるようになった。補償内容が「法定最低賃金の5倍」ではなく、具体的な支給金額に書き換えられたのである。500ルーブルでは、2000年の時点ですでに「最低賃金の5倍」には及ばない価値であった。さらに金額が持つ価値は、その時々の物価によって変わる。2000年代のロシアのようにインフレが進めば、その補償金額の価値は著しく目減りしていく。チェル

▼1　連邦法N122-FZ「ロシア連邦における奨学金および社会的給付金額設定手続きについて」

ノブイリ法の他の補償項目についても、１９９０年代末から２０００年代にかけて、同様の減額につながる書き換えがなされてきた。

「移住権」は、「退去対象地域」に住むすべての人々に認められるわけではない。これはもともとその地域に住んでいた人が、より汚染度の低い地域に移住を希望した場合に認められる権利である。事故の後に、外からノボズィプコフ市に移り住んだ人々がいることを紹介したが、彼らはもともとこの地域に住んでいたわけではない。そのため、これらの人々がノボズィプコフから出ていく場合、「移住権」が認められないこともある。これはノボズィプコフに住んでいた時期と期間によって決まる。

たとえば、１９８６年6月30日以降に「退去対象地域」に移住してきた人々は、汚染地域に一定期間住んでいることなどを条件に「移住権」が認められる。１９９４年1月1日以降に自主的に移り住んだ人々には、そこから出ていく際の移住権は認められない。事故から長い時間が経った後に「退去対象地域」に引越してきた場合、被害を受けるリスクが比較的小さいとみなされるためである。

また、１つの「退去対象地域」から別の「退去対象地域」に移住するような場合は、「移住権」は認められない。より汚染度の低い地域への移住をサポートすることが、制度の目的だからだ。

## 「喪失財産」の補償

住みなれた地域から別の地域に移り住む場合には、どうやって住環境を整えるか、ということがまず問題となる。

もとの地域に家などの不動産を持っている人もいる。その場合、それらの財産をどうすればいいのだろうか。「中古市場で売ればいい」というような、簡単なものではない。「汚染地域」の住宅を好んで買い取る個人や不動産業者は、なかなか見つからない。

そこでチェルノブイリ法では、移住者がもとの地域に保有する不動産を、国が査定をして引き受ける制度を設けている。

「移住権」の認められる地域から別の地域に移住する場合、置いていかざるを得ない不動産や家財道具は、「喪失財産」とみなされる。つまり、汚染地域であるがゆえに価値を失った「財産」なのだ。その財産の損失分を国が補償し、移住者は補償金を受け取る。そしてそのお金を、移住先での生活の元手にすることができる。

「喪失財産」とみなされるのは、家だけではない。放射能汚染のために持っていけない家財道具、殺処分せざるを得なかった家畜、植物菜園や畑の作物も、「喪失財産」として補償の対象になる。

ちなみに、ソ連で作られた法律であるので、チェルノブイリ法では「喪失財産」と認められる不動産の中に、「土地」は含まれない。チェルノブイリ法が制定された頃のソ連では、土地の私有は認められていなかったからである。「土地」を持っている住民はいなかったのだ。そのため、「土地」の賠償という問題は起こりえなかった。そこが日本とは異なることは、注意しておきたい。

現代のロシアでは、基本的に土地の所有、売買は認められている。それでも今に至るまで、チェルノブイリ法は、移住者に対する「土地の賠償」を規定してはいない。前述の市民団体「ラジミチ」の創立者パーベル氏が市役所に確認したところでは、土地の所有者が移住を希望する場合、土地に対する権利を放棄しなければならないとのことである。もっとも、「退去対象地域」で土地を所有している住民は、限りなく少ないというが。

### 「喪失財産補償」手続きの実際

実際に「喪失財産補償」の制度を利用して、どのように他の地域に移り住むことができるのか。チェルノブイリ法の規定と行政・住民へのヒアリングを参考に、説明してみたい。

補償を受け取って別の地域へ移住するプロセスを次の頁に図示した。「退去対象地域」から移住を希望する市民が、自分の希望に反して不動産や家財などを置いていかなければならないとする。これらの「持っていくことができない財産」が、「喪失財産」とみなされる。移住希望者の申請が認められれば、それらの喪失財産（主に家）に対する補償金を受け取ることができる。対象となる財産の価格は、ノボズィプコフ市からの移住者の場合、ブリャンスク州の市場価格に基づいて査定される。

この時点で、移住者は国に対して、これらの財産を引き渡したことになる。移住者は受け取っ

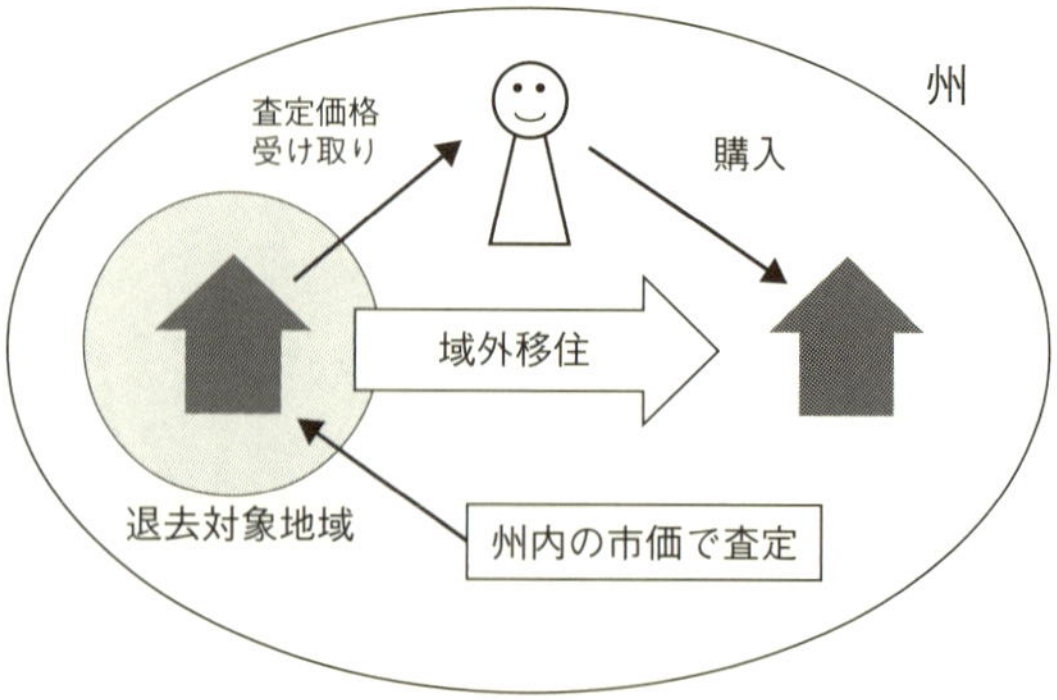

移住支援の枠組み

たお金で、移住先の地域で新たな住宅を購入することができる。

移住先は自由に選べるが、補償額はブリャンスク州の市場価格に基づいて算出されるため、実際には、この金額で、たとえば首都モスクワの不動産を入手しようとしても無理である。その意味で、移住先の選択肢は制限される。

ブリャンスク州行政府で被災者の対応にあたるルィセンコ氏によれば、現在でも平均して1月あたり300件の移住および喪失財産補償を求める申請があるという。これらの申請は、まず居住地域の役場で審査された上で、州行政府に届く。各役場レベルの申請数は、もっと多いと考えられる。移住希望者が査定額に満足しない場合も多く、その場合は裁判で解決することになる。

ではこの買い取られた不動産は、その後どうなるのか。ノボズィプコフ市役所に問い合わせると、国の予算で買い取られたこの「喪失財産」は、それぞれの市町村の管轄に移されることになるという。後にもとの所有者が帰ってきたとしても、その不動産に対する権利はない。

市町村は引き取った不動産のうち、利用可能なものは、公営住宅や市の施設などとして利用する。

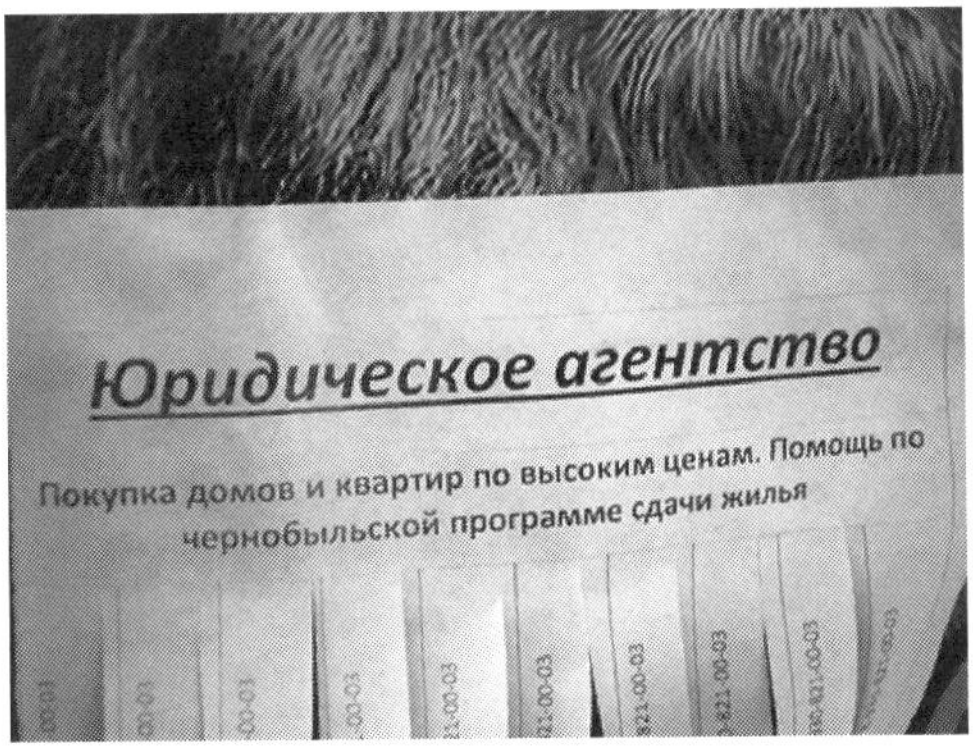

法律事務所の広告

前に見たようにノボズィプコフ市では、ソ連解体後、近隣諸国からの労働移民が増えた。その際には、それらの移民のために「喪失財産」として市が引き取った住宅を提供したこともあったという。

悲しいことだが、この移住者支援の枠組みが悪用される例がある。上の写真はノボズィプコフ市内で見かけた、手貼りの広告である。「法律事務所：あなたの家やアパートを高値で買います。チェルノブイリ・プログラムによる住宅引渡しサポート」と書かれている。

市民団体の関係者によれば、こういった法律事務所は、移住者のための制度を利用してもうけているのだという。移住希望者から住宅処分の委託を受けると、こうした法律事務所は、不動産価格査定者や裁判官にわいろを渡して有利な査定をしてもらい、移住希望者の住宅を実際よりもはるかに高額で引き渡し、大きなマージンを得ているという。中には、引き渡す住宅とはまったく別の物件の資料や写真を査定に提出するなどの、あからさまな詐欺もある。

「喪失財産の補償」は、移住者支援の要となる施策である。しかし、このような悪用が跡を絶たない。もちろん、悪用の事例が制度の意義を否定するものではない。善意で作られた支援策が骨抜きにされないためには、運用面でのチェックに手を抜いてはいけないということだろう。

## 2　移住者たちが経験したこと

ノボズィプコフをはじめ、チェルノブイリ被災地の一定の地域には「移住権」がある。これらの地域の住民には、移住をする場合に支援が与えられる。しかしこれはあくまで、1991年にチェルノブイリ法が定められてはじめてできた制度である。

まだチェルノブイリ法がなかった頃、事故後の数年で多くの人々がノボズィプコフ市から他の地域へ移住した。その頃に自主的に避難した人々のほとんどは、移住先で住宅確保や就職の困難にぶつかった。後に多くの移住者が移住先になじむことができず、ノボズィプコフへ帰ってきたと言われている。

ノボズィプコフ市で、数人の移住経験者から話を聞くことができた。なぜ町の外へ移住したのか、そして何が理由で町に戻ってきたのか。彼らの話から、移住者がどんな問題に直面するのか明らかにしたい。ノボズィプコフ市で美術学校を運営するタロベルコ校長と、市民団体職員のカーチャさんから話を聞いた。

なお、今回インタビューに応じてくれたのは、いずれもノボズィプコフ市から一時移住し、その後またノボズィプコフ市に戻ってきた方たちである。そうではなく、ノボズィプコフから他の地域に移住し、そのまま移住先に住み続けている人々もいる。ここに紹介するのは、移住体験者のごく一部の例であることをお断りしておきたい。

## 移住の負担を軽くするためには

### 先行きが見えず、チャンスを求めて移住

1986年にチェルノブイリ原発事故が起こってから、慣れ親しんだ地域の産物を食べられなくなりました。それまでは、森の木苺類や菜園で作った野菜が日々の食卓に並んでいました。そういったものが、もう食べられなくなったのです。

アンドレイ・タロベルコ
ノボズィプコフ児童美術学校校長

1986年には、他の地域から持ってきた食品を配給券で配っていました。「この地域で取れた農産物は食べられない」「川で水浴びをしたり、森で散歩をしたりするのも危険」と考えると、先行きが見えず怖くなりました。

事故から1年後の1987年、キエフ（ウクライナの首都）の芸術専門学校で勉強するという口実で、ノボズィプコフを出ました。当時、私は25歳でした。それまで、企業

でデザインにかかわる仕事の経験はありましたが、専門的に美術の高等教育を受けたことはありませんでした。これが人生の方向転換のチャンスと考えて、故郷を出ました。

## 移住先で直面した住宅入手の問題

キエフに移り住み、ノボズィプコフ出身の女性と結婚しました。1988年には息子が生まれました。

キエフもチェルノブイリから近いので（約100㎞）、やはり食品には気を遣いました。事故後数年は、キエフの人々も食品の汚染に関して心配していました。その当時は移住者に対する住宅の支援や、金銭的支援もありませんでした。そのため両親からの仕送りとアルバイトで、何とか生活をやりくりしていました。

移住先では仕事を見つけることと、住む場所を確保することが、重要な課題になります。私がキエフに移り住んだ頃は、就職よりも住宅入手の問題が深刻でした。キエフでは部屋を借りて住んでいました。ロシアの田舎町から来た若い美術家です。キエフで住居を手に入れるだけのお金はありませんでした。ノボズィプコフからキエフに移り住んだ知人が、他にも何人もいました。みんな同様に、住宅入手の問題で苦労していました。

ローンで共同住宅の部屋を購入する方法はありました。それでも、順番待ちで住宅が手に入るのは30年後になると言われました。ウクライナでは仕事を見つけるのにも苦労しました。ウクライナでは、ウクライナ人の移住者を支援することで、手一杯だったのでしょう。ロシアからの移住者が、手厚い支援を期待することはできませんでした。

そのような事情もあって、ウクライナに住み続けることは難しかったのです。住宅や仕事の問題だけでなく、移住先の社会になじむことも難しい課題でした。故郷を捨て、慣れ親しんだ人々と離れて暮らすのは、心理的な負担になります。

美術学校を卒業して、数年間スムィ（ウクライナ北東部）で働きました。スムィでは次男が生まれました。ウクライナでは、プリピャチ（チェルノブイリ原発のある町）出身者と知り合いになりました。ノボズィプコフからウクライナの親戚のところに移り住んだ人々もいました。移住先で、「放射能汚染地の出身者」として差別を受けた人も多かったと聞きます。私自身も、「お前『(放射能で）光ってるよ』」と半ば冗談でからかわれたことがあります。

1992年に、ウクライナで被災者を対象とした補助を受け取るようになりました。これは、ウクライナで実施されていた補助のシステムです。私はウクライナ人ではありませんが、ノボズィプコフからの移住証明書を見せて、補助を受けることができました。最初は砂糖数kgの引換券をもらっただけです。しかも物不足の時代で、砂糖そのものが店にありませんでした。油、吸いもしないタバコやウォッカの引換券も支給されました。引換券は毎月、家族の人数に応じて支給されました。住宅購入支援は期待できませんでした。先ほど言ったとおり、30年の順番待ちで、共同住宅の部屋を購入できるというだけでした。

## 再び汚染度の高い故郷へ

最終的には、１９９４年にノボズィプコフに戻りました。この時期に多くの知人が同じように、ノボズィプコフ市に戻っています。もちろん、移住先で幸せに暮らしている人もいます。しかし、私と同じ時期にノボズィプコフを出ていった移住者の、ほぼ80％は帰ってきています。移住先に残った人の多くも、「故郷で再就職が難しく、家もないために戻って来られない」と聞きます。移住先になじめない人々は、みな故郷の友人たちを懐かしんでいます。彼らが作ったインターネット・コミニュティもあるくらいです。

私の友人たちは、ノボズィプコフを出て、ロストフ・ナ・ドヌー市（ロシア南部）で住宅を入手しました。それでも、頻繁にノボズィプコフに戻ってきています。彼らも「ノボズィプコフに帰ってこようと思っている」と言います。移住先では、気候も水も合わず、知人や親戚もいないからです。生まれ育った環境とまったく違うところで、新たに生活を始め、長年住み続けるのは難しいことです。

ノボズィプコフで移住者支援のプログラムが始まり、手続きが開始されたのは１９９０年代になってからです。私が戻ってきた頃には、チェルノブイリ法もできていましたし、移住者支援プログラムもありました。でも、それはノボズィプコフから外に出ていく人に対する支援です。私のように一度移住して、それからノボズィプコフに帰ってくる人間には、何の支援もありませんでした。

帰ってきたときに、まずどこに住むのかが問題になりました。最初、移住者が引き渡した空き家を入手できないかと期待していました。でも、それもできませんでした。今は築100年の古い家に家族と住んでいます。これはもともと、私の祖母が住んでいた家です。

帰ってきてから、以前は食べないようにしていた地産食品を食べるようになりました。もちろん抵抗はありました。でも他の選択肢がないので、だんだんと食べるようになったのです。他地域から取り寄せられるのは主に輸入果物（バナナ、りんご等）で、しかも高すぎました。そのため果物も、地域産のものを食べるようになりました。

家にはダーチャ（郊外の小別宅）もあるのですが、そこで野菜の自家栽培はやめてしまいました。汚染度の低いものを作れる保証がないからです。子どもも小さかったので、ノボズィブコフに戻ってきたときには、健康被害は心配しました。

私と同じ頃、1994年ごろには同様の帰還者が増えました。これは旧ソ連諸国からの流入者が増えた時期とも重なりました。汚染地域の居住者に対する補償金や、政府の財政支援を目当てに、ノボズィプコフに移り住んだ人々も多かったのです。1989年～1990年代前半には特に旧ソ連諸国からの人々が増えました。今でも私が運営する美術学校には、アゼルバイジャン人やアルメニア人の子どもたちが通っています。

他の地域からノボズィプコフに移り住んで、住宅を手に入れた人も少なくありません。人が増えたために、住宅難、就職難の状況が生まれました。自分が帰ってきたときには、住む家を確保するのも、新たに仕事を見つけるのも大変でした。

## 職業やコミュニティとのつながりの維持を

移住者が真っ先に直面するのは、住宅の問題です。これをどうにか支援する仕組みが必要です。たとえば、対象地域の住民に証明書を発行して、その証明書を提示すれば、希望する地域で確実に住宅を入手できるようにすればいいのです。被災地内に残る人には、その証明書を別の用途で使用できるようにすればよいでしょう。

私の場合は、キエフでちゃんと住宅が入手できれば、むこうで仕事を続けたかもしれません。または、定期的に両親を見舞いに来られるように、それほど遠くない非汚染地に住むこともできたはずです。移住先が選べるということが大事です。

慣れ親しんだコミュニティを壊さないように、地域共同体全体で移住することも、選択肢として検討してよいでしょう。ノボズィプコフでも、そのような計画がありました。ボルガ川沿岸のエンゲルス市に住宅地を作って、ノボズィプコフ市の住民をまとまった数移住させるという話でした。でも当時の市長が反対し、実現しませんでした。

集団移住を考える場合にも、住民たちの希望を考慮しなければなりません。集団移住で失敗したケースがあります。汚染地域のベレシチャギンという村から、ブリャンスク北西のニコリスカヤ・スロボダ村に数世帯を移住させた事例です。この際に農民たちは、慣れ親しんだ肥沃な土地から砂地に移されました。彼らは移住先で農業を続けることができませんでした。もとの地域と同じ仕事が続けられ、近隣コミュニティができるだけ維持できる形の移住が望ましいでしょう。

タロベルコ氏の場合は、１９９１年にチェルノブイリ法が採択される以前の移住体験である。移住者の権利が法的に定められる前ということになる。同じ移住体験者でも、１９９１年以降に移住した人たちの話では、住宅入手はタロベルコ氏の場合ほど困難な問題ではなかったという。移住を体験した時期によって、移住者の問題の感じ方は異なる。

事故後数年が、最も放射線量の高い時期である。この時期に域外に移り住むことで被曝量を減らす効果は大きい。しかしこの重要な事故直後の時期に、移住者支援の政策はまだ整っていなかった。このことが、タロベルコ氏や同時期の移住者たちの生活を困難にした。

これまで見てきたように、チェルノブイリ法の規定では、移住者に対する就職支援が定められている。しかし実際のところ、もとの地域で従事していたのと同じ種類の仕事に、同じ条件で就職できる保証はない。特に農業や林業などは、地域の自然条件との結びつきが強い仕事である。移住先の環境によっては、慣れた仕事を続けられないことも多い。

さらに、移住先になじめなかった人たちが、やがてもとの地域に帰ってきたときに、「やはり住宅と就職の問題で苦労した」というタロベルコ氏の話は、参考にしなければならない。チェルノブイリ法は移住者への支援を定めているが、「帰還者」への対応は抜け落ちている。放射能汚染地域では、住民への支援、移住者への支援とともに、「やがて帰ってくる」ための権利を認めた制度作りが必要になるのではないか。タロベルコ氏や他の移住体験者の話を聞いているうちに、「住み続ける人」「移住する人」という、単純な被災者区分ではとらえきれない人々の姿が見えてきた。「帰ってくる人」というあらたな被災者像である。

## 住民の意思を尊重する選択肢を

### 汚染地域と知らずノボズィプコフの大学へ入学

私の故郷は、ウクライナのチェルニゴフ州セメノフカ村です。1990年に、母の希望で教員になるために、教育大学のあるノボズィプコフ市にやってきました。故郷のセメノフカ村も、チェルノブイリ原発事故の被災地です。でも土壌汚染度は、ノボズィプコフよりもずっと低い地域です。マスコミでセメノフカ村の放射能汚染について報じられたことも、ほとんどありませんでした。

ノボズィプコフ教育大学に入学した頃は、ノボズィプコフの放射能汚染については知りませんでした。大学内でも、放射線防護や放射能の影響について教えられることはありませんでした。

1991年ごろから、大学の先生たちが他の地域に移住し始めました。チェルノブイリ法で正式に汚染地域認定がされて、移住権が認められた頃です。気になったのは、町を出ていったのが主に優秀で勉強熱心な先生たちであったことです。

その時に、「何かおかしい」と思い始めました。4年生のころ、当時大学の歴史教師であったパーベル氏（前述の市民団体の創設者）の授業で、チェルノブイリ事故のノボズィプコフへの影響について聞きました。さらに、市民団体の社会活動にボランティアとして参加して、汚染地域の村の住民たちの支援に取り組みました。その活動の中で、汚染地域に住むことのリスクや、放射能汚染の問題についてより深く知るようになったのです。

カーチャさん
市民団体「ラジミチ　チェルノブイリの子どもたちへ」職員

## ノボズィプコフに残ることを断念

ノボズィプコフ教育大学の卒業が近づくと、進路について考えるようになりました。ノボズィプコフに残って働く選択肢もありました。でも結局は、故郷のセメノフカ村に戻って学校に就職しました。母親の紹介で就職先があったこと、故郷であることなど、理由はいくつもあります。でも、汚染度の高いノボズィプコフに住み続けることへの不安も、確かにありました。

1994年にセメノフカ村に戻り、村の学校で5年間働きました。故郷で結婚もしました。でもセメノフカ村の学校では、教育方針にずれがありました。ノボズィプコフで学んだ理想と、学校の方針はかけ離れていたのです。野外実習や遊びを取り入れた授業をやろうとしても、校長は理解してくれませんでした。それに、授業は全部ウクライナ語で行う規則になっていました。ロシアの大学で学んだ私には、ウクライナ語で授業をするのは困難でした。そのうちに、経営難でリストラが行われ、私も対象になりました。チェルニゴフ市（ウクライナ北部）の学校に移る選択肢もあったのですが、断りました。

## 慣れ親しんだ仲間を訪ねてノボズィプコフに戻る

１９９８年にノボズィプコフに、恩師のパーベル氏を訪ねて戻ってきました。そのときまでに夫とは離婚していました。それに子どももいなかったので、比較的自由に決断できたのだと思います。市民団体（「ラジミチ　チェルノブイリの子どもたちへ」）で障害児教育や、放射線防護に関する情報普及を通じた啓蒙活動に取り組むとともに、学校でアエロビキ（リトミック）の授業を担当するようになりました。その仕事も、パーベル氏が紹介してくれました。

１９９４年に私がノボズィプコフ市を出たのと同じ頃、数人の知人がノボズィプコフを去っています。彼らはブリャンスク州内の新興住宅地や、ブリャンスク市で住宅をもらうことができたそうです。

教育大学の同窓生で、ノボズィプコフ出身者は、大部分ノボズィプコフに残っています。

1990年代前半に別の地域に移住した大学の先生たちはみな、出ていったままになっています。私は移住者としての支援は受けられませんでした。でも故郷のセメノフカ村では、親の家に住んでいたので住居の問題はありませんでした。

ノボズィプコフに戻るときには、高い放射能汚染について不安はありました。それでも、教育大学の仲間たち、市民団体の仲間たちともう一度働けることは魅力だったのです。


事故後数年間の放射線防護、一時疎開が重要

ノボズィプコフに戻ってから、毎年検診を受けています。私の内部被曝量は、ずっと住み続けている人たちよりも低いことが分かりました。一定の期間、汚染度の低い地域にいたことで、累積被曝量を抑えることができたのです。これが1つの有効な放射線防護策であることは、間違いありません。

けれど、移住だけが放射線防護策ではありません。移住をせずとも、放射線防護を徹底することで、リスクはもっと低減できます。事故直後の放射線量が高かった時期に、安全な食生活や放射線防護の方法を教え、徹底していれば、今あるような健康被害はだいぶ低減できたはずなのです。私も甲状腺に異常があり、小さな腫瘍があります。またホルモンの不足で、長いこと不妊に悩みました。

現在知っているだけの情報を、当時から持っていれば、正確な予防策がとれたはずです。移住

せずとも、深刻な健康被害は避けられたと考えます。地域に残った住民に、防護策を教え、医療サポートを充実させれば、多くの問題は軽減できるのです。移住することで、地域とのつながりや、慣れ親しんだ仕事を失うリスクもあります。

でも「移住権」は、やはり必要だと思います。放射線被害の不安で通常の生活ができなくなる人もいます。その人々には、別の地域で生活できるよう十分な支援をするべきでしょう。自己負担では移住できない人にも、「選択肢」があるのはよいことだと思います。

カーチャさんは市民団体で、障害児教育や子どもに対する放射線防護教育に取り組んでいる。汚染地域に住む人々も、正確な知識と対策があればリスクを低減できるという信念に基づき、取り組みを続けているのだ。

カーチャさんがノボズィプコフ市から離れたのは、すでにチェルノブイリ法ができた後であった。彼女自身は、ノボズィプコフ出身者ではない。事故の後でノボズィプコフにやってきて、居住期間も短い。そのためカーチャさんには、移住の支援は認められなかった。もともとノボズィプコフに置いていくような不動産もなく、「喪失財産補償」の対象もない。

この時期に他の地域に移住したカーチャさんの友人や大学の先生たちは、「移住権」の制度を利用することができた。彼らは家を引き取ってもらい、移住先で住宅を手に入れることができた。カーチャさんの知人では、タロベルコ氏のように住宅の確保で困った例は知らないという。「移住権」

が認められる以前の移住者と、「移住権」が認められた後の移住者とで、経験することは大きく異なることが分かる。

カーチャさんは、汚染地域に住み続ける人々への支援に取り組んでいる。それでもやはり「住み続けるか」「移住するか」の選択肢が住民に与えられるべき、と移住権の必要性を認めている。

## 3 居住者の権利

「退去対象地域」は、「移住を希望すれば支援が受けられる地域」である。それと同時に、「住み続けることも認められる地域」である。汚染度が高くリスクがあると知りつつ、その地域に住み続ける人々がいる。そのような人々に対して、どのような支援がなされているのか。チェルノブイリ法が、どう定めているかを見るとともに、住民に対するヒアリングから実情を探ってみた。

「退去対象地域」の住民の権利は、チェルノブイリ法第20条（「他の地域にまだ移住していない、退去対象地域に定住（勤務）する市民に対する被害補償と社会的支援策」）に詳しく定められている。「退去対象地域」の住民には、「月額補償金」「追加有給休暇・保養」「年金受給の優遇」などの権利が認められている。

第3章でみたように、チェルノブイリ法の「居住コンセプト」には、「汚染地域」に住むことにともなう「居住リスク」が認められており、「居住リスク」に対しては、一定の補償が約束されている。「居住リスク」というのは、すでに起こってしまった被害ではない。しかし「汚染地域」はそれ以外の地域よりも、健康被害のリスクが高いと想定される。そしてこの地域では、除染の実施や森林利用の規制など、さまざまな措置によって住民の活動に制限がなされる。こうしたいろいろな不利を抱えながら住み続ける人々には、一定の補償をする。これが「居住リスク補償」の考え方だ。

### 居住リスクに対して支払われる月額補償金

「退去対象地域」の居住者が、個人として受け取る主な補償は、月額の給付金である。この給付金は、「汚染地域に住むリスクに対する補償」として支払われている。この補償金の額は、物価の変動率を考慮して毎年見直される。

さらに住んでいた時期や期間によって、受け取ることのできる金額が異なる。事故直後から住んでいる人々のほうが、もらえる金額が多い。居住リスクが高いと考えるからだ。事故の時点から住んでいる人と、事故から10年近くたってから住み始めた人では、倍近く金額に差がつく。また、就労者かそうでないかによって受け取る金額が異なる。

住民から聞いたところ、だいたい1人あたり月500〜700ルーブル程度の給付金をもらっているとのことである（2011年10月現在のレートでみると、1250〜1700円程度とい

退去対象地域の月額補償金額（2011年時）

| | |
|---|---|
| 居住者 | 1986年4月26日からの居住者　60ルーブル<br>1995年12月2日以降の居住者　40ルーブル |
| 勤務者・事業者 | 1986年4月26日からの居住者　400ルーブル<br>1995年12月2日以降の居住者　200ルーブル |
| 年金生活者・障害者（年金・補助金の増額支給として） | 1986年4月26日からの居住者　555ルーブル96コペイカ<br>1995年12月2日以降の居住者　185ルーブル32コペイカ |

うところ）。住民の1人は「この程度の金額では、肉を3kg買うくらいしかできない。ガソリンを満タンにもできない」と語っている。確かに、筆者がノボズィプコフ市のピザチェーン店で食事をしたときには、「ピザ1切れ＋ドリンク＋サラダ」のセットで150ルーブルほどかかっている。

ただ、1990年代前半からノボズィプコフ市に住んでいる人たちに聞くと、1990年代前半までは、この月額給付金で最低限の生活はできたという。当時ソ連解体後の混乱の中で、企業が半年間も給与を支払わないことがしばしばあった。そのときにもノボズィプコフ住民は、この月額給付金で何とか生活することができたという。そのころにこの給付金を求めて、旧ソ連諸国からの労働者がノボズィプコフに移り住んできたことは、解説したとおりである。1990年代後半になると、給付金の額が縮小され、さらにインフレで給付額の価値が激しく目減りした。今では、給付金だけで生活することは不可能である。

チェルノブイリ法の当初の版を見ると、退去対象地域の就業者には、法定最低賃金の4倍の額の月額追加支給が認められていた。その後の修正で倍率は変更されたが、法定最低賃金を基準にして、その数倍の追加支給金が出される方針は変わらなかった。しかし、これもやはり2000年8月7日付連邦法「ロシア連邦における奨学金および社会的給付金額設定手続きについて」（N122-FZ）によって、前頁の表に示した金額に書き換えられている。

またこの表を見ればわかるとおり、「退去対象地域」に住んでいた時期によって、補償金月額が異なる。タロベルコ氏やカーチャさんのように、一度他の地域に移住して戻ってきた人々も、この補償金をもらえる。しかしタロベルコ氏やカーチャさんは、帰ってきた際に「事故時およびその直後数年にノボズィプコフに住んでいたこと」を証明しなければならなかった。「線量も下がってリスクの低下した後に住み始めた住民」と扱われ、補償金月額を下げられてしまうからだ。2人は、多くの書類を提出しなければならなかった。

「退去対象地域」の住民に与えられるのは、お金だけではない。追加有給休暇も与えられる。与えられる有給休暇の日数は、住んでいた期間によって差がつけられる。1986年4月26日（事故の時点）からの居住者には、21日（暦日）。1995年12月2日以降の居住者には、7日（暦日）である。特に妊婦には最大90日間の産前休暇が与えられ、汚染地域の外で保養を受ける権利が認められている。

また「退去対象地域」の定住者は、最大で7年早く年金受給を開始できる。ロシアの年金年齢は2011年の時点で男性60歳、女性55歳なので、女性なら48歳から年金がもらえることもある。

## 今も受診率が80％を超える健康診断

前の章で見たように、チェルノブイリ法で定められた被災者は、無料医療支援プログラムの対象となる。そしてすべての被災者は、一生涯にわたり特別健康診断を受けることが定められている。定期健康診断の主な対象となるのは、汚染地域に住んでいる住民である。

事故後25年経っても、この被災地住民に対する定期健診は続けられている。ブリャンスク州保健局の資料によれば、毎年汚染地域の居住者13万人（うち4万人が子ども）が複合的健診を受けている。また、約9万人が甲状腺超音波診断、12万人以上が血液診断を受けている。13万人といえば、州人口約130万人の10％である。これほどの規模の特別健診は、ロシア国内の他の地域では行われていない。

被災地域では、学校や企業で1年に一度健診を行うことが義務づけられている。また未就学者や非就労者に対しても、病院で健康診断が受けられるようになっている。医療機関のない郊外の村落にも、健診のための医師を派遣して対応している。

「対象者100％は難しいが、80％以上は健診を受けている」と、ノボズィプコフ市中央病院の超音波診断専門医セルゲイ・オボドフスキー氏は言う。「被災地で長期に医療サポートを継続するためには、政府のプログラムが必要だ。少数のボランティアや各病院の努力に任せていては、何十年も続けられるものではない」。このように長期的に健康診断が継続できたのは、「チェルノブイリ法」で被災者の権利が定められ、国の財政支出義務が定められたからに他ならない。

ブリャンスク州退去対象地域での診察実績（2010年）
（単位：人）

| 住民カテゴリー | 対象総数 | 診察実施 | 実施率（%） |
| --- | --- | --- | --- |
| 成人 | 58,003 | 44,895 | 77 |
| 内：1968〜86年生まれ | 20,327 | 17,489 | 86 |
| 子ども（0〜18歳） | 14,490 | 13,803 | 95 |
| 内：6歳を超える | 10,013 | 9,468 | 95 |
| 全　　体 | 72,493 | 58,698 | 81 |

出典：ロシアナショナルレポート、85頁

ブリャンスク州での甲状腺超音波診断実績（2010年）
（単位：人）

| 住民カテゴリー | 甲状腺超音波診断実施数 |
| --- | --- |
| 成人 | 66,680 |
| 内：1968〜86年生まれ | 28,345 |
| 子ども（0〜18歳） | 21,932 |
| 内：6歳を超える | 21,579 |
| 全　　体 | 88,612 |

出典：ロシアナショナルレポート、86頁

しかし同時に、オボドフスキー医師は、被災地から別の地域に移住した人々への健診を徹底することは難しいと認めている。被災地から自主的に移住した人々は、移住先で自主的に健診を受け続けることが必要になる。「すべての人に、移住後も健診を受け続けさせるということは、医師の側からできることではない」とオボドフスキー氏は言う。

## 子どもに対する支援

「汚染地域」に住む人々の中でも、特に健康被害のリスクが高いとされるのが子どもである。妊婦に対して追加の産前休暇が認められることは、見たとおりである。子どもに対しても定期健診が義務づけられている。

医療上の支援とは別に、「退去対象地域」に住む子ども（未成年＝17歳以下）や就学者には、特別な支援を受ける権利が認められている。

## 「食費補助」としての月額給付金

「退去対象地域」の子どもに対する支援は、まず月額給付の形で実施される。この月額給付は、「食費補助」の名目で支給されている。これはそもそも、汚染度が低く栄養価の高い食料品を入手できるようにするためのものであった。

ブリャンスク市の医療センター

ノボズィプコフの子どもたち

年齢によって、支給される額は異なる。年齢が低い子どもに対して、より高額の給付が与えられている。1歳までの子どもには月額230ルーブル、1歳以上3歳までの子どもには200ルーブルが支給される。これらは「乳製品のための月額補償金」という名目が与えられている。また幼稚園に通う子どもに対しても、食費の補助として月額180ルーブルが支給される。また「退去対象地域」では、満3歳までの子どもの保育に対する月額補助金（第1子の保育補助月額は1500ルーブル、第2子以降は1人あたり3000ルーブル）を通常の倍の額でもらえることになっている。

ノボズィプコフ教育大学の博物館。ヨウ素を多く含む食品のサンプルが展示されている

この食費補助金額も毎年見直され、今では最大でも230ルーブル（円に換算すると570円くらい）である。市民団体「ラジミチ　チェルノブイリの子どもたちへ」の職員は、「ないよりはましだが、このお金で他の地域から食品を取り寄せるというのは不可能」と語っていた。このような微々たる額になってしまったのも、チェルノブイリ法の改悪の結果である。

チェルノブイリ法の当初の版では、3歳までの子どもに対しては「小児科医の指示に従って乳製品を含む食事が無料で供給され、また幼稚園での食事は無料」という規定であった。これも2000年代半ばの修正（2004年8月22日付連邦法N122-FZ）によって、「180～230ルーブル」という具体的な額に置き換えられてしまったのだ。チェルノブイリ被災者への補償について、このような現物支給から現金支給への変更は、1990年代末から2000年代にかけて頻繁に行われたという。

## 優先的「無料就学生」枠の功罪

就学者に対しても、「食費」の補助が月額で支給されるが、その額はわずかである。2011年の時点では、就学期間中の食費として月額70ルーブルが支給されている。

学生たちの生活や将来に、より大きな影響を与えるのが、「優先入学制度」である。「退去対象地域」の若者には、「国立教育機関への優先的な入学権」が認められている。

被災地域の出身者が国立大学の試験に合格した場合、優先的に無料就学生の枠が与えられる。ロシアではソ連時代から、国立教育機関の授業料は無料であった。現在では、国立大学でも入試での成績の良い学生のみが、「無料就学生」（予算枠）となることができる。「退去対象地域」をはじめとする被災地の出身者は、合格さえすれば、入試結果の順位を問わず優先的に「無料就学生」になることができる。学生寮の部屋にも優先的に入ることができ、奨学金も割り増しで支給される。この制度を利用して、優秀な若い人材はみなノボズィプコフを出て、州の中心部やモスクワなどの大都市の大学を目指すようになった。ところが、これが若者の流出を加速させた。後に紹介するように、ノボズィプコフの人々はみな、医師や教師など若い人材が不足していることを嘆いている。支援の生んだ避けられないジレンマである。

被災地の学生にチャンスを与える制度の意義は、理解できる。しかしここで与えられるのは、「外に出ていくチャンス」までである。学んだことを故郷の再建に生かすことを奨励する制度も、必要なのではないか。

## 形骸化される「域外保養」

「汚染地域」に居住する子どもたちに対しては、健康保護のためのさまざまな施策が行われている。その1つが「域外保養」である。「保養」の趣旨は、一定の期間子どもたちを汚染されていない地域に連れ出し、保養地で暮らさせることで累積被曝量を下げることである。

また汚染地域の子どもたちは、森や川など自然の中で遊ぶ自由が制限される。毎年一定の期間、汚染されていない地域で、思う存分体を動かして遊ぶことが、とても貴重な体験となる。

この「保養」は、事故の起こった1986年から実施されるようになった。1986年5〜6月から子ども、妊婦、幼子を抱える母親が、州内外の非汚染地域の合宿所や保養所に連れ出された。その後の年も、制度上は1年に一度、夏に子どもたちには汚染地域外での「保養」が認められるようになった。

チェルノブイリ法が成立してから、年月がたつにつれ、修正によって被害補償が縮小されていったことを説明した。チェルノブイリ法の以前の版では、子どものための年1回の保養無料化が定められていた。「退去対象地域」など汚染度の高い地域に住む子どもや、それらの地域から避難した子どもが対象である（25条）。しかしこの規定は、2004年のチェルノブイリ法修正により削除されている。

ノボズィブコフに来るときに、最初に連絡をとったパーベル氏が創始した市民団体「ラジミチ　チェルノブイリの子どもたちへ」は、独自に「ノボキャンプ」という子ども向けの合宿を企画実施している。チェルノブイリ法による子どものための保養無料化が終わった後も、この保養合宿は続けられている。この団体では、ノボズィブコフ市から90㎞離れた非汚染地の土地を借りて、主に夏の期間1回3週間の合宿を数回行っている。パーベル氏は、対象地域の子どもすべてが「保養」を受けるには、保養所が足りないと指摘する。

市民団体「ラジミチ　チェルノブイリの子どもたちへ」の拠点

ミラチョフ・ノボズィブコフ市長は「今でも、ノボズィブコフで対象となる子どもの90％は『保養』に行っている」とその実績を語っている。しかしその「保養」の内容を聞くと、必ずしもこの90％の子どもたちが、支援策の趣旨に合う形で「保養」を受けているわけではないようだ。

「ソ連崩壊までは［ブリャンスク州に］50以上の保養所があったが、１９９４年には32カ所まで減っていた。２０１１年現在で15カ所しかない。『保養』の趣旨は、子どもたちを一定期間汚染地域の外に出して休息させること。それなのに、汚染地域内の学校に合宿所を設けて『保養』を行っている例が多い。それでも統計上は、保養実績になってしまう」とパーベル氏は語っている。

## ◉第５章のまとめ

放射能汚染を受けた地域から自主的に避難する人々は、まず「どこに住むのか」「移住した先で、どうやって生計を立てるのか」という問題に直面する。多くの場合、移住先での生活が成り立たなくなったり、家族がばらばらに生活することを余儀なくされる。これでは、経済的に余裕がある人、親戚の支援を受けられる人だけに、自主的移住の選択肢があるということになってしまう。

ロシアでも、チェルノブイリ法で移住の権利が定められるまでには、時間がかかった。それまで移住希望者は、何の支援もないままに自主避難をせざるを得なかった。自主的避難者たちが住宅入手や就職の問題に翻弄された様子は、タロベルコ氏の話が典型的な例である。「移住権」は「汚染地域」の住民に、「実現可能な選択肢」を保障する重要な制度だ。

移住を希望する人々には、引越し費用が支給される。もとの地域に置いていかざるを得ない不動産や家財を、国に引き取ってもらうことができる。そして補償金を受け取ることができる。移住先では、住宅入手や就職のために必要な支援を受けることができる。このような具体的な支援策が、法律に認められているのだ。

しかし、移住権の制度の運用にも注意が必要になる。不動産補償の価格査定では、納得のいかない移住希望者からの訴訟も起こっている。また制度自体を悪用するケースもある。常に当初の制度の趣旨に立ち戻り、汚染地域に住む人々に、「移住することも可能」という選択肢を保障することが重要である。喪失財産の補償というやり方が最適であるのかどうかも含めて、日本でも導入を考えていかなければいけない。

一方で、「退去対象地域」には、「住み続ける権利」も認められている。「汚染地域」と知りながら「住み続ける」ことを選んだ人々には、「居住リスク」を考慮した補償や支援が与えられる。これも大切な考え方だ。

しかし、チェルノブイリ法が定めた「月額補償金」や「食費補助」の制度は、金額の見直しやインフレとともに形骸化してしまっている。すでに、この給付金で被曝リスクを低減することはできない。他方で、対象となるすべての住民に充実した額の金銭支給を長年続けることも、また現実的ではない。補助金に慣れた頃に支給額が減らされて、住民生活を混乱させる危険もある。金銭による補償ではなく、健康診断制度のように、必要とされるサービスを充実させることのほうが、「居住リスク」を軽減するためには効果的であろう。

また、チェルノブイリ被災地では出ていくための「移住権」は認められるが、帰ってくる人々をサポートする仕組みがない。この事実に対しては、「移住した人々の8割は帰ってきている」というタロベルコ氏の言葉が印象的だ。「慣れ親しんだコミュニティを離れ、自然環境も異なる場所で長く生活することは難しい。当然後に帰ってくることも考えるようになる。福島県からの移住者の方々も、同じ問題にぶつかるのではないか」とタロベルコ氏は言う。やがて汚染度が下がった頃に戻ってくる人々を支援する制度も必要だ。避難する人々、住み続ける人々とともに「やがて帰ってくる人々」という被災者像を考慮に入れた制度作りが求められる。必要な支援を受けて移住先で一定期間生活し、その上で自ら帰還を選択する人には、帰るための支援もあってよいはずだ。このことを特に強調したい。

# 第6章　「退去対象地域」ノボズィプコフ市の試み

ノボズィプコフ市は、「退去対象地域」である。希望する住民には移住の権利が認められる。しかし実際には、多くの住民は、町にとどまった。そして一度移住した人々も、その多くは一定の期間を経て町に帰ってきている。

いまだにノボズィプコフとその周辺地域は、他の地域よりも放射線量が高い。それに、食物を通じての内部被曝のリスクもある。この地域に住み続けることを選んだ人々は、どんな問題を抱えているのだろうか。汚染地域で生活するにあたって、どんな取り組みをしてきたのだろうか。彼らの25年間の経験は、貴重な参考例である。

しかし、「住み続ける」という選択は正しいのか？　「移住権」が認められたのだから、汚染されていない地域に出ていくべきではないのか？　そう疑問を持つ人もいるだろう。そもそも、汚染地域に人が住むことを認める制度を、どう評価したらよいのか。

被災地域で助け合いながら懸命に生きる人々には、敬意を表したい。でも、彼らの活動を評価すると、「汚染地域に住む」ことを肯定することにならないか？　反対に、「移住できるのにしなかった間違った人々」として批判すべきなのか？　第三者にそう言い切る権利があるのか？……考えるほどに難しい。この問題に、筆者も最終的な答えをだせない。

1つだけ言えることがある。「移住権」は権利であって、義務ではない。「移住の権利」が「住み続ける」権利を否定することはなく、むしろ2つの権利は一体なのだ。原発事故被災地では、広く移住の選択肢が用意されたほうがいいと思う。しかしその選択肢が認められても、一定の数の人々はもとの地域に住み続ける。間違っているとか正しいとかいうことではない。そういう事実があるのだ。放射線防護の点から、チェルノブイリ被災地の歴史が、それを示している。

そうして住み続けることを選んだ住民たちは、健康被害のリスクを減らし、少しでも安全な生活環境を整えるために努力する。そのような人々に対して支援が必要だ。チェルノブイリ法の「居住リスク」補償は、そんな人々のためのものだ。

この章では、ノボズィプコフ市で活動する市民団体、町の教育者たち、医療関係者、農業関係者、そして経済人たちの取り組みを紹介する。チェルノブイリ法が定めた住民支援は、彼らの助けになっているのだろうか。みなそれぞれの思いや、事情があってノボズィプコフに残っている。そして、ノボズィプコフでの生活を少しでもよいものにしようと、試行錯誤を続けている。

## 1　教育者たちの取り組み

「退去対象地域」では、事故後25年たっても、放射線量が他の地域よりも著しく高い。また、住民の生活と深いつながりを持つ森林の中には、ホットスポットが多い。そのため、木苺やきのこなどの森の産物を通しての内部被曝リスクも、いまだに高い。

その一方で、被災地でも事故後に生まれた世代が育っている。町の教育者たちは、どのように若い世代に汚染地域のリスクや防護策の必要性を教えているのか。子どもたちに、生まれ育った地域への恐怖心を植えつけるばかりではいけない。地域の将来への希望を示すことも重要だ。この難しい課題に、地域の教育者たちはどのように取り組んでいるのだろう。ノボズィプコフの学校を訪問した。

### リスクを教えるとともに、希望を語る

今初等・中等の学校で学んでいるのは、チェルノブイリ原発事故を、直接は知らない子どもたちだ。放射能汚染地に住むリスクや、防護策の必要性を教えるのにどんな工夫をしているのだろうか。ノボズィプコフ市の学校で、「エコロジー」の授業を担当するマルガリータ・ゼルジュコワ先生に話を聞いた。

ギムナジヤの校舎

中央がマルガリータ先生

この学校は、ロシアでは「ギムナジヤ」と呼ばれるタイプのもので、創立75年を迎える伝統ある教育機関である。ギムナジヤには1年生～11年生までがあり、日本でいえば、小・中・高一貫教育というところだ。2011年現在の生徒数は約650人。最近は、町全体で若干出生率が上がっていることもあり、入学者数が増える傾向にあるという。

## 放射線からの身の守り方を教える授業

このギムナジヤでは、特別授業として、「エコロジー」や「私たちの健康」と題した授業を行っている。授業では、小学1年生から高校生まで、幅広い年齢の生徒が学んでいる。学年に応じて、放射線防護の問題の教え方は変えている。

「『退去対象地域』に住んでいる以上、汚染地域が持つリスクや害について知らなければなりません。そして自分たちの体が、どのような仕組みになっているのかも、知っておく必要があります。郊外や森の中には、ホットスポットが多くあります。子どもたちには行ってはいけない場所、やってはいけないことなど、最低限の行動規則を教えます。また、どこでどんな検査を受けることができるのかも、伝えています。もちろん、子どもたちの年齢に応じて、適した形で授業を行います。小さな子どもたちに、理論的な話をしても難しすぎます」

5年生までは、「私たちを取り巻く環境」という授業がある。この授業では、子どもたちに放射線防護について教えている。難しい理論の話は省かれ、内部被曝を避けるための食生活、森や川遊びのルールなど、具体的な行動規則が内容となる。たとえば、季節のカレンダーを作って、「何月にはどんなことに気をつけるべきか」というような、季節ごとの行動規則を教えている。

5年生からは、「エコロジー」の授業が始まる。マルガリータ先生の場合、この授業の枠内で1年間33時間のうち、17時間は放射線防護を教えている。先生が自分で作った教材を利用し、新聞の切抜きなどの資料も使う。一般用のガイガーカウンターを使って、町とその周辺の放射線量を測る実習もやっているという。自作の教材を使うのは、国が定めた必修授業ではないため、国や地方が認定した教科書もないからである。

9年生（中学3年生に相当）になると、「放射線衛生論」という選択授業がある。この授業では、低学年には難しい理論的な話もする。さらに、最上級にあたる10〜11学年（高校1〜2年生に相当）では、医学部進学希望の生徒を対象にした特別授業も用意している。

ちなみに、ロシアでは学校は11年生で終わる。そのため、大学などの高等教育機関に入学する年齢は、日本よりも1年若い。

マルガリータ先生の学校で、現在のように特別なプログラムを作って授業を組み立てるようになったのは、ここ5年のことだという。もともとは、「エコロジー」や「保健」の授業の枠内で、部分的に放射線防護について教えていたのだが、２００６年にチェルノブイリ原発事故後20周年をむかえたのをきっかけに、ノボズィプコフの市民団体と協力し、放射線防護やエコロジーに関する教育プログラムを作った。その際にはイタリアの専門家たちからも、協力を得たという。

「生徒の半分以上は、卒業後、この地域に残って生活することになります。住民の間で、病気がちの人が多いことは事実です。子どもの頃から、自分の健康を守る方法を教えていくことは、とても重要です」

ノボズィプコフ市では、他の学校でも同様に、「エコロジー」の授業を行っているという。「他の学校でも、やはりみな放射線防護の問題に力を入れているようです」とマルガリータ先生は言う。しかし、正規の必修授業ではないので、実際には授業内容も教材も、担当教師によって異なる。マルガリータ先生は1年33時間中17時間かけて、放射線防護について教えていると言っているが、別の学校では、時間数がもっと少ないこともある。

放射線防護は、子どもの健康リスクにかかわる問題である。それだけに、必修授業にするべきだ。そうでないと、同じレベルの汚染地域でも、学校や担当教師によって、生徒の放射線防護への知識に、大きな差が出てしまう。たまたまマルガリータ先生のような熱心な教師にめぐりあえればよいが、そうでなければ、子どもたちは必要な情報を得られないことになる。

　また、マルガリータ先生のギムナジヤで行っているように、それぞれの被災地域で、ホットスポットマップや行動規則を教材として作成することも重要だ。国や県のレベルで公開している放射線量や土壌汚染度のマップは、大雑把なものである。定期的に町の中で放射線量の高いスポットを割り出して、子どもたちに「行ってはいけない場所」を教えていく。地域によるそんな地道な活動が、長期的には累積被曝量を下げることにつながるのだ。日本の被災地

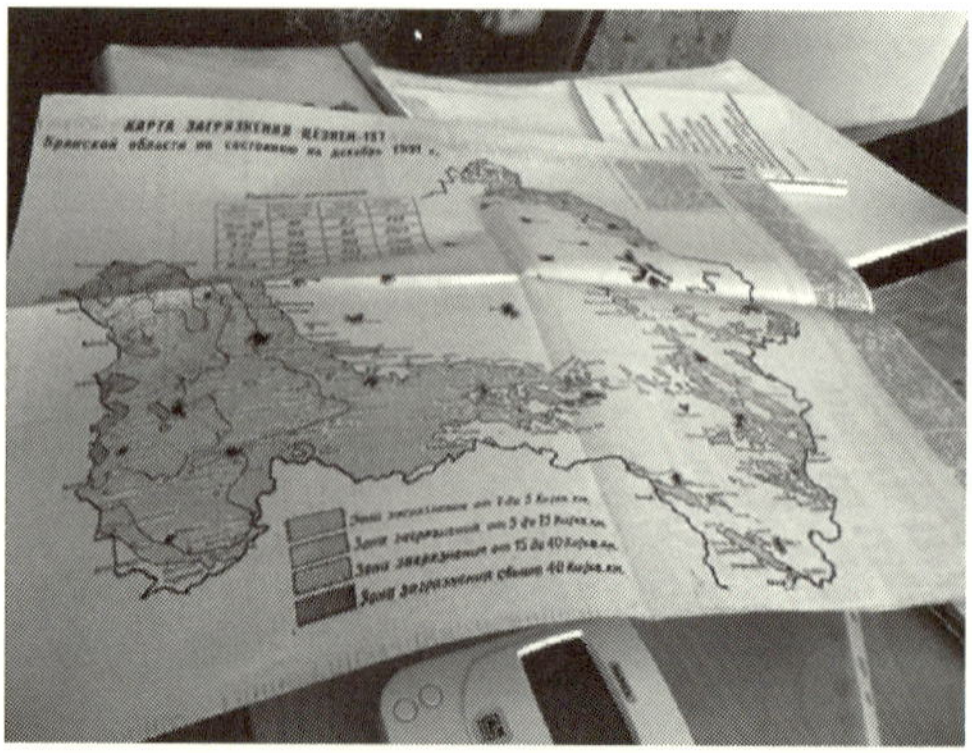

「エコロジー」の授業で使用する教材の一部

ギムナジヤの子どもたち。中学２年生にあたる学級

でも、地域の放射線マップと行動規則を、子どもたちとその保護者に長期的に教えていくことが必要ではないだろうか。

### 保護者も含めた「食育」の必要性

ギムナジヤでは、学校給食を業者に委託して作ってもらっており、子どもたちは、学校の食堂で給食を食べている。

メニューには温かいスープや、火を通したものを用意するようにしている。また多様な栄養素を含むものや、ビタミンを多く含むものを食べさせることが重要だという。「給食業者は放射線安全基準を満たす食材を使っているので、給食の安全性について問題になることはありません」と教師の1人は語っている。

「けれど、朝食や夕食は、家で取っているわけでしょう？ 学校でどれだけ食生活の安全を教えても、保護者がいい加減にしていたら問題です。保護者に対する指導は、あるのでしょうか」と聞いてみる。

「大人は新聞や、衛生局の通知で、いろいろな情報を得ることができます。でも事故から時間が経っているので、最近では新聞でも汚染地域のリスクについて情報が出ることは、少なくなってしまいました。学校で教えてもらったことを、子どもが家に持ち帰って、家族に話すことも重要です」

セルゲイ・シゾフ氏（36頁）が、自分の教え子について話してくれたことを思い出す。その子の父親がハンターで、家ではいつも野鳥の肉や、森で取ったきのこを食べていた。そのために、高いレベルの内部被曝を受けたという。小さな子どもの食生活は、多くの場合、親の考え方で決められてしまう。

放射線防護について、神経質になる親もいれば、あまり気にしない保護者もいる。学校の外でも、どうやって子どもの食生活指導を徹底するのか。これは放射能汚染地域では、重要な課題である。マルガリータ先生のギムナジヤでも、保護者の教育までは十分に手が回っていないようだ。

## 「チェルノブイリ」を語り継ぐ学校行事

ギムナジヤでは、「チェルノブイリ原発事故」を語り継ぐための行事を行っている。毎年3月には町の全学校を対象に、作文、詩、絵のコンテストが行われる。上級生になると、自分たちで放射線防護や、チェルノブイリ原発事故の影響について調べたことをまとめ、インターネットサイトで公開する。

子どもたちは、学校行事の中で、チェルノブイリ事故に関する作品の朗読会を行ったり、放射能リスクをテーマにした絵を描いたりする。次頁上の写真の絵は、子どもたちの作品の一部である。

これらの絵を見ると、暗い色調が強く、原発事故を描かせるのは「子どもにとって心理的に重すぎるのではないか」と感じられた。

「放射能汚染のことを子どもに語ることで、子どもの心理的な負担が増すのではないですか？

自分の生まれ育った地域を、嫌いになってしまうのではないでしょうか」と質問してみる。もちろんこういう質問をすること自体が、外から来た人間の無神経さなのかもしれない。

マルガリータ先生は、「もちろん、暗いテーマばかりを考えさせてはいけません。絵画の趣旨は、『危険を理解したうえで生きていくなら、明るい未来がある』ということです。未来の可能性に目を向けてもらうよう、心がけています」と答えた。そして先生が見せてくれたのが、下の絵である。

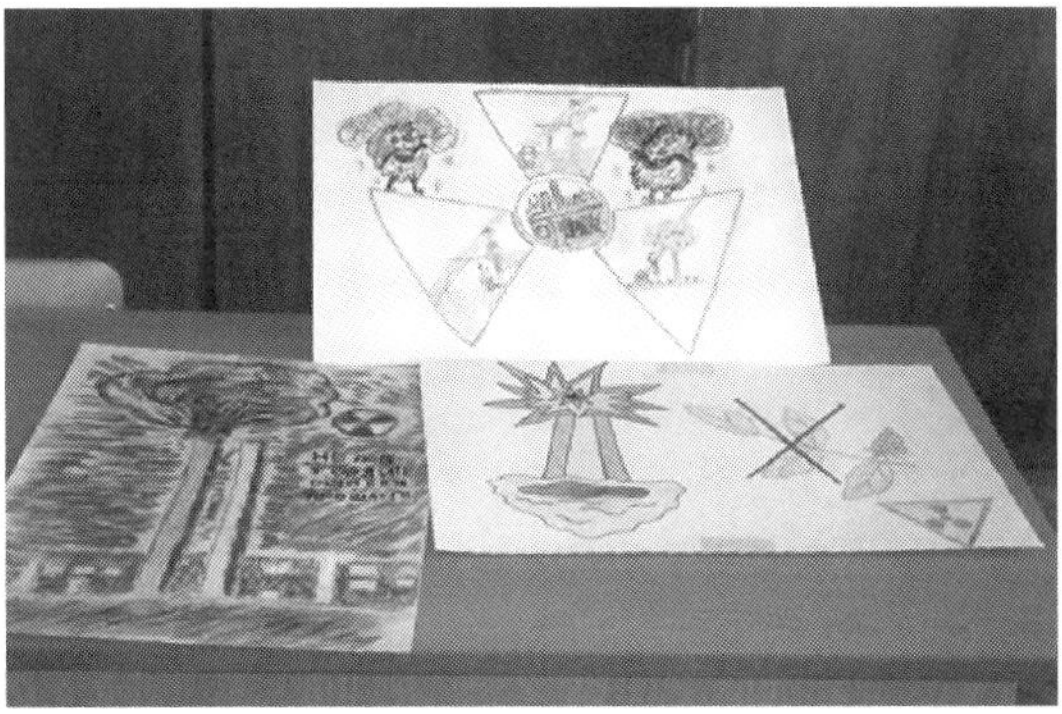

リスクを知らないまま危険な行動をとれば、右側のような悪い結果になるが、自分たちが規則を守って生きるなら、左側の世界のような明るい未来が待っている。それがこの絵のテーマだという。

「今学校に来る子どもたちは、チェルノブイリ事故の後、生まれてきた世代です。原発事故被害に関する問題意識は、薄れていきます。この地域に住むことに一定のリスクがあることは、教えていかなければいけません。でも必要な規則を守って生活すれば、この地域でも生きていくことはできると信じています。子どもたちに必要な情報を伝えていくことが、教師の役割だと考えます」

正確にリスクを伝えながらも、地域の未来への希望を語らねばならない。このジレンマの中で、原発事故被災地の教育者たちは、子どもたちに向き合っている。

### チェルノブイリを知らない教師の卵たち

チェルノブイリを知らない世代は、教師となる年代にも達している。ノボズィプコフ市では教育大学を訪問し、教員志望の学生たちと意見交換をする機会にも恵まれた。第5章のインタビューに答えてくれたカーチャさんの母校である。

集まってくれたのは、情報技術科の最上級生たち数十名である。彼らは次の年の6月には卒業し、そのうちの何割かは教員として働くはずだ。

彼らはみな、21~22歳の学生たちである。25年前のチェルノブイリ原発事故を直接には体験していない。ノボズィプコフでも、福島第1原発事故の報道は注目を集めていた。日本人が来たことには関心を持ってくれたようで、50人近い学生が集まった。

まず、福島第1原発事故後の日本の社会状況について話し、筆者が福島県訪問時に撮ってきた

ロシア革命以前からの伝統を持つ教育大学

教育大学の学生たち

写真をいくつか見せた。それから自由に質問を受けた。またこちらからも、学生たちにいくつか質問した。原発事故被災地で生まれ育った若者たちが、放射線防護にどれくらいの意識をもっているのか、また福島第1原発事故についてどうみているのか聞いてみたかった。

1人の学生は、「ソビエト時代は技術レベルも低く、情報も閉ざされていたので、事故を未然に防ぐことができなかった。今回技術力の高い日本で原発事故が起こったけれど、それは日本が地震地帯だからだ。ロシアの今の技術は最も安全で、ロシアでは日本のような地震の危険もない。原子力発電は必要」と話した。この意見を支持する学生は他にもいた。

もちろん、原子力の利用についてはいろいろな考えがある。しかし原発事故被害を受けた地域で、若者がこのように言うことには驚いた。「原発事故で苦しんだ地域だから、多かれ少なかれみな原発に反対しているだろう」という先入観があったのだ。

気になるのは、この学生たちの発言が、福島第1原発事故後にロシア政府の代表者たちが繰り返した主張とほぼ重なっていることだ。

たとえばプーチン首相（当時）は、次のように語っている。「IAEAのあらゆる調査が、わが国の安全性は世界一だと示している。［中略］日本の福島第1原発事故は『特別な事態』だ。なぜ地震地帯に原発を建設するのか、理解できない」

しかし、「では、ノボズィプコフに原子力発電所を作るとしたら賛成か？」と聞いてみると、ほとんどの学生は「反対」だという。「原発は人が住んでいる地域から、ある程度距離を置いて設置すべきだ」と1人の学生が言う。「それなら、どのくらいの距離なら安全なのか？」と聞くと、「60㎞は距離を置くべきだ」との答えだ。でも、このノボズィプコフは、チェルノブイリ原発から100㎞以上離れていたではないか……。

また学生たちは、「セシウム137の半減期」を正確に知らなかった。「セシウム137の半減期は何年か」とたずねると、「60年」「900万年」と答えている（実際は30年）。

先に紹介したギムナジヤでは、放射性物質について理論的にも教えている。マルガリータ先生は、「他の学校でも、放射線防護について同様に教えている」と話していた。しかし、そのような授業を受けたことのない学生もいるようだ。一度授業を受けても忘れてしまうということもあるかもしれない。放射性物質についての知識に、学生の間で差がある。チェルノブイリ原発事故を知らない世代が、確実に育っていることを印象づけられた。

セシウム137の半減期よりも早く、「放射能の影響」や「放射線防護」への関心は風化する。これは私たちにも、同じことが言える。事故から1年、2年はまだ問題意識も高く、放射線防護についても、ある程度勉強している人が多い。しかしこれが10年後、20年後、福島第1原発事故の後に生まれた子どもが大人になる頃であったら、どうだろうか。

今回会った学生たちは、教員の卵である。彼らの中から、第2のマルガリータ先生が出てくるだろうか。チェルノブイリ事故を知らない世代の教師たちは、どうやって次の世代に汚染地域のリスクを伝えていくのだろうか……。マルガリータ先生が言う「リスクを忘れず、希望を語る」教育は、少なくとも2~3世代にわたって続けられなければならない。

こうした教育の問題は、一部の熱心な教師の自主的努力に任せるだけでは足りない。その教育実践を支援するための法的な枠組みをつくり、放射線防護の授業を必修化して、全学校で長年続けていくことが必要だ。

意見交換の最後に、学生たちに「みなさんのうちで、卒業後ノボズィブコフ市に残って働きたい人」と質問すると、手を挙げたのは、全体の2割程度であった。

## 2　市民団体の教育活動

これまでも何度か登場した「ラジミチ　チェルノブイリの子どもたちへ」は、ノボズィプコフ市に拠点を置く市民団体である。チェルノブイリ事故被災地における住民の支援、特に子どもの教育や健康にかかわる問題に取り組んでいる。

ドイツをはじめ、各国の市民団体と協力して、さまざまな社会プログラムを実施している。福島第1原発事故の後には、日本を訪れてチェルノブイリ被災地の経験を役立てようと、情報提供に取り組んでいる。

アンドレイ・ブダエフ氏
「ラジミチ　チェルノブイリの子どもたちへ」代表

「自分たちには、汚染地域での25年の経験がある。今回福島第1原発事故が起こり、チェルノブイリ事故当時のことを思い出した。自分たちの経験で、何か日本の役に立てないだろうかと考えている」と、創始者のパーベル氏は日本との協力に積極的だ。

団体名の「ラジミチ」とは、8世紀から12世紀にかけて、この地域に住んでいたスラブ系の民族の名前だという。また、ロシア語で“Radi”とつづると、「放射線」を意味する“Radiatsia”と音が重なる。この市民団体の名称は、これら2つの言葉からとられている。

パーベル氏は、もともとは教育大学の歴史教師であった（カーチャさんの恩師である）。チェルノブイリ原発事故時、この町に暮らし、行政や国の対応に市民が翻弄される姿を目の当たりにしてきた。彼自身は汚染地域において、子どもたちの健全な成長を助けるために、教育者として模索し続けた。その中で、学生ボランティアたちと一緒に住民支援活動を始めた。

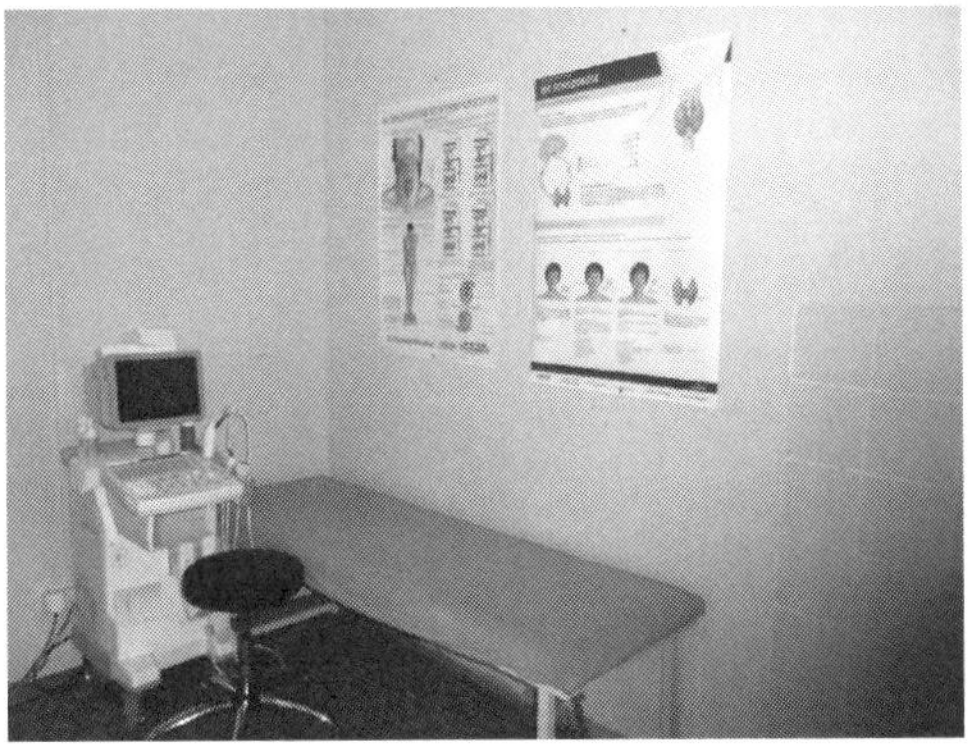

「ラジミチ」が運営する甲状腺診断室

事故から1年後の1987年には、教育大学の学生たちとともに「学生クラブ」を設立した。クラブのメンバーたちは、低学年の児童のための集団遊びや遠足を企画・実施し、ほかにも障害児支援活動、汚染されていない地域でのサマーキャンプ実施にも取り組むようになった。これが市民団体「ラジミチ」の始まりであった。

今では「ラジミチ」は、教育大学から独立した拠点を持っている。サマーキャンプのほかに、市民向け甲状腺診断室、障害児教室、コンピューター教室の運営など、幅広い活動を行っている。

コンピューター教室は、コンピューターに詳しい学生ボランティアが子どもたちに使い方を教えるものだ。この教室には、集めてきた中古のパソコンが設置してある。家にパソコンのない子どもたちにとって、広く世界の情報を得られる貴重な場所となっている。

甲状腺診断室では、市の病院の医師たちが、勤務時間外にボランティアで検診を行っている。病院の診察時間に診断を受けることができない人も多い。「ラジミチ」の「甲状腺診断室」は、そんな住民にとって補助的な医療サポートとなっている。

このように市民団体「ラジミチ」は、市の教育機関や医療機関と協力しながら、病院や学校では手の行き届かない市民のニーズに応えている。「ラジミチ」の運営は、主に欧州の基金からの助成でまかなわれている。資金難にはいつも頭を悩ませているとのことだ。

サマーキャンプ「ノボキャンプ」

サマーキャンプ「ノボキャンプ」は、「ラジミチ」の旗印となるプログラムの1つだ。ノボズィプコフの子どもたちを集め、夏休みの間、汚染されていない地域で合宿を行うものである。

これによって、子どもたちの被曝量を下げることができる。またノボズィプコフ周辺では、自由に自然の中で遊ぶことができない場所も多い。サマーキャンプの間だけでも、子どもたちは森や川の中で思う存分遊ぶことができる。そしてこの合宿を通じて、集団活動を学び、仲間との交流を深める。

「チェルノブイリ事故後、被災地の子どもたちを外国に連れていくプログラムが、いくつも実施されました。でも、そのようなプログラムに参加できた子どもは、全体から見ればごく一部です。ロシア国内でも、ノボズィプコフから比較的近い場所に汚染されていない地域があります。もっと近場でお金をかけず、多くの子どもたちが参加できる保養プログラムが必要と考えました」と、パーベル氏は「ノボキャンプ」を始めた理由について語る。

１９９４年には、ドイツの市民団体「Pro-Ost」と共同で、ノボズィプコフから数十㎞離れた地区に保養施設を借りうけた。もともと企業が運営していた保養施設であったが、その頃には使われていなかったものだ。「ラジミチ」と「Pro-Ost」が協力して合宿所を改修・整備し、この合宿所がサマーキャンプ「ノボキャンプ」の会場となった。現在は、パーベル氏の息子アントンが、「ノボキャンプ」プログラムを引き継いでいる。

サマーキャンプは夏休み中、いくつかの期間に分けて行われる。１回の合宿期間は約３週間。絵画や芸術創作コンクールをかねた「創作キャンプ」、ドイツからの参加者もまじえた「国際キャンプ」、サバイバル実習プログラムを含む「若き特殊部隊キャンプ」、コンピューター講習を含む「コンピューター合宿」など、キャンプの種類も豊富だ。

サマーキャンプの参加者は、主にブリャンスク州とベラルーシの子どもたちである。モスクワやサンクトペテルブルグのような大都市からの参加者もいる。

合宿の指導員は、学生ボランティアの中から集めている。選ばれた学生ボランティアは、合宿指導員としての講習を受けて、その年の「ノボキャンプ」に参加する。指導員としての体験は、学生自身にとっても、貴重な教育実習となる。アントン自身も、最初は合宿指導員を体験したという。また「ラジミチ」の現代表者アンドレイ・ブダエフ氏も、教育大学の学生時代に学生ボランティアを経験し、それがきっかけで「ラジミチ」に参加するようになった。「ノボキャンプ」は、市民団体「ラジミチ」にとって、新たなメンバーを育成する場でもあるのだ。

## 町の児童館として

「ラジミチ」は、ノボズィプコフの子どもたちの健全な成長を助けることを目的に、さまざまな取り組みを行ってきた。

ロシアの地方都市では、子どもの喫煙や飲酒、保護者からのネグレクトの問題が深刻である。特にノボズィプコフは、放射能汚染地域であることから、経済が悪化し、先行きに希望を見出せない住民も多い。子どもたちは学校が終われば行き場所もなく、面倒を見る大人もいない。そんな状況の中で、非行グループに入ったり、タバコや麻薬で体を悪くする子どもも多い。

子どもたちに、普通に遊べる場所や、仲間との交流の機会を提供することも、「ラジミチ」が重視する活動の1つだ。「ラジミチ」は、子どもたちのためにイベントや集団遊びを実施し、町の「児童館」となっている。

子どもたちは放課後、「ラジミチ」の施設で、ゲームをしたり、絵を描いたり、ビデオを見たり、おやつを食べたりしてすごす。当たり前の遊びの時間や、交流の場だ。しかしこのような「場」が、かつて町にはなかったのだ。2008年から「ラジミチ」では、本格的に「子どもセンター」を設立して、「児童館」として活動をしている。

「放射能汚染地域に住んでいることで、大人たちが希望を失い、投げやりになっている。子どもの教育にも熱心になれない大人が多い。その鬱屈感の中で、子どもたちは『自分たちは不必要な存在だ』と感じてしまっている。同じような仲間と一緒に遊ぶ時間が、とても大事だ。お菓子がもらえるから、でも、好きな女の子が来るから、でも、なんでもいい。子どもたちが時間をすごして交流できる場が必要だ」と、「ラジミチ」の現代表アンドレイ氏は語る。

「ラジミチ」の施設内で遊ぶ子どもたち

彼はつけ加えて、こんなことも言った。「僕も『ラジミチ』にボランティアで参加したときには、『市民を助ける活動をしよう』なんて、立派なことは考えていなかった。ボランティアに参加することで、仲間が見つけられると思った。仲間がほしかったんだ。たとえ自分たちが見捨てられ、『不必要』な存在なのだとしても。ここで仲間たちと、今より『少しはまし』な生活を作っていける。そう考えると救われる気がするんだ」

アンドレイは33歳。事故時には、筆者と同じ8歳であった。混乱する大人たちの様子を見ながら、どんな思いで過ごしてきたのだろう。

今は被災地の住民を支援する団体の若きリーダーだ。筆者が勝手に抱いていた「ヒーロー」のイメージとは違う、「普通のひと」の姿を垣間見た。幼い頃、アンドレイも孤独と不安の中で、必死に仲間を探した。そして今、子どもたちのためにそんな仲間と出会う場所を作ろうと奮闘している。

「パーベルから『ラジミチ』の代表者を引き継いだとき、『大変だろうな』とは思ったんだ。でも、ここまで大変だとは思わなかった。いろいろ理想はある。でも何か1つでも実現できれば、それが重要なことだ」とアンドレイは笑って言う。

## 3　医師たちの取り組み

マルガリータ先生をはじめ、数人のノボズィプコフ住民から「この地域では病気が多い」「病気がちな人が多い」という話を聞いた。統計で見ても、ノボズィプコフを含むブリャンスク州南西部のほうが、州平均よりも疾病件数が多い。また他の地域と比べて、神経系統や血液循環器の病気が多いことも指摘されている。

先にも触れたとおり、これらの症状が放射能汚染の影響によるものかどうかは、証明が難しい。今でも議論が続いている。しかし、住民の間に「この地域で病気が多い」という認識があるのは確かだ。

この地域で、どのように医療支援がなされているのか。また医師たちは、どんな問題を抱えているのだろうか。

ノボズィプコフ市中央病院の血液科医インナさん

## 人材と設備の不足の中で

インナさんは、ノボズィプコフの中央病院に勤務する血液科の専門医だ。輸血や血液検査を担当している。

年に1回行われる会社や学校・保育所などでの健康診断には、彼女も病院から派遣される。インナさんが言うには、ノボズィプコフの医療機関では、何よりも最新の設備が不足している。そのためノボズィプコフでできるのは、最も基本的な項目の検査だけである。もっと新しい設備が整っていれば、より複雑な病気の早期発見も可能になるのだという。

ブリャンスク州には、州全体を対象にした医療設備導入プログラムはある。しかし、予算がブリャンスク市（県庁所在地にあたる町）に集中してしまう。そのため、ブリャンスク市には高度医療センターやがんセンターが作られているのに、ノボズィプコフのような田舎には十分な資金が回ってこない。ノボズィプコフの患者たちは、精密検査や高度な治療が必要になれば、２００km以上離れたブリャンスク市まで行かなければならない。

「福島第1原発事故の被災地では、高度医療センターは、直接被災地に作らなければいけません。大都市ばかりに設備を導入しても、汚染度の高い地域の住民に、必要なサポートが行き届かないのです」とインナさんは言う。

それでも、ノボズィプコフ市には中央病院があり、皮膚科や小児外科などの専門医もいる。その面で、近隣の市町村よりもましである。たとえば、近隣のズルィンカ市には専門医がいない。そのためズルィンカの人々は、ノボズィプコフまで治療を受けに来なければならない。

また、ノボズィプコフの病院では、恒常的に人員が不足している。若い医学生たちはみな、よりよい待遇を求めて大都市に出ていってしまう。他の地域から、わざわざノボズィプコフに働きにこようという医師も少ない。

以前はノボズィプコフに医療従事者を確保するために、特典として給与の追加支給が行われていたが、１９９2年以降追加支給は廃止されたという。また以前は病院で5人ほどのインターンを受け入れていたが、今ではインターンも来なくなった。「若い医師は、最初に地方都市で経験を積んだほうがいい。若い医療従事者を呼び込むための仕組みが必要です」とインナさんは言う。

インタビューに続いて、インナさんはノボズィブコフ市中央病院の小児科病棟を案内してくれた。この病院は、1970年代に設立された。現在、州の予算から7000万ルーブル（2011年当時のレートで1億7000万円ほど）が出されて、改修工事が進められている。建物の中に入ると、いくつかの棟で工事が進行中だった。「年末までには完了する予定と聞いていたけれど、今（9月）でこの状態だから、いつまでかかるか分からないわね」とインナさんは言う。

ノボズィプコフ市中央病院正面

小児科では、入院患者用病棟が増築中であった。以前はベッドが40床あったのだが、入院患者が減ってきたために、2年前に25床に減らされた。しかしその後、州の決定でまた増築が決まった。ノボズィプコフ市中央病院で、隣町や近隣地域からの患者も受け入れることになったのだ。そのため追加で病床が必要になった。

「建物の改修のための予算はついたけれど、必要な最新設備までそろえることはできない」とインナさんは言う。

小児科は午前8時から午後3時まで診療を行っている。それ以降は急患扱いとなる。小児科医の他、小児外科、小児耳鼻科などの専門医が、数人勤務している。木曜日は乳児検診の日で、この日には近隣の地域から、小さな子どもをつれた親たちが多数訪れる。

ロシアでは公立病院での治療は、義務的保険が適用されるので、原則誰でも無料である。薬も1歳までの子どもについては無料。それ以上の年齢では有料となるという。しかし重症の子どもについては、年齢にかかわらず、薬品購入のために一定の補助が出る。また本格的な治療を必要とする子どもを、モスクワの病院で治療するために、州予算から補助を出すプログラムもあるという。

改修工事中の病棟

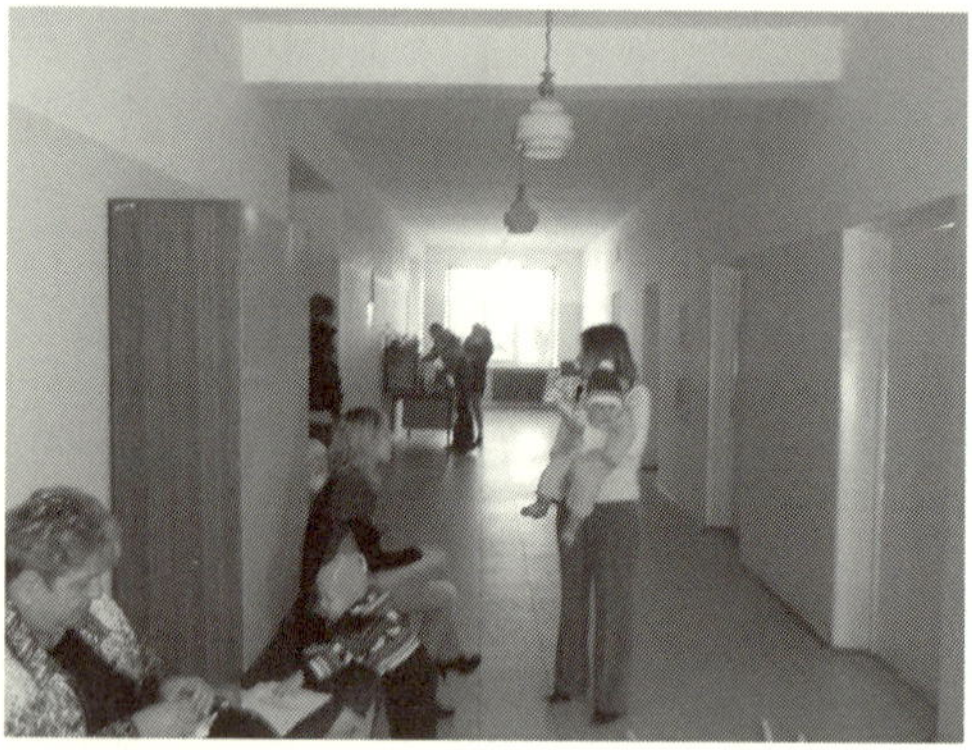
小児科病棟

ノボズィブコフは州南西部の中心都市なので、比較的情報や公共サービスが充実している。近隣の村に行くと、医師が1人もいない地域も珍しくない。それらの地域には、中央病院から、定期的に医師が往診に回っている。平均すると1日あたり、

5台の往診車が出されるとのことである。

インナさんとその同僚は、「病気の子どもは増えている」と指摘する。小児外科医によれば、偏平足や脊椎側わん症、また関節の病気が増えているという。放射能汚染が直接の原因かどうかは分からない。ごみや産業廃棄物の投棄などで周辺環境は悪化しており、それも影響しているという。また必要な栄養の不足や食生活の偏り、運動の不足などが、免疫力を弱めていることもある。若い世代のアルコール中毒も多い。若い世代にも心臓病や脳卒中、糖尿病が増えている。ただし、「これはノボズィプコフだけでなく、地方にはよくある傾向です」とインナさんは指摘する。

中央病院から出て行く往診車

## リハビリ治療室の取り組み

原発事故被災地であるがために、ノボズィプコフでは医療に従事する人材が集まらない。設備も不足しているために、十分な医療サービスができない。これはインナさんが話していたとおりだ。

逆に被災地だからこそ、入念な住民支援サービスや医療サポートが求められることも事実だ。そのニーズに応える中で、新たなサービスが生み出され、ノウハウの集積ができることもある。

その技術集積こそが、ほかの地域にはない独自の付加価値サービスを生むということが起こりうる。

その例として、「退去対象地域」にありながら、ロシア全国から患者が訪れる「リハビリ治療室」の例を紹介したい。このリハビリ治療室は、被災地住民の支援のためのボランティアの医療活動からはじまった。今では独自の医療サービスとして、全国的に評価されている。

リハビリ治療を必要とする子どもが多いという現実の上にある以上、手放しで喜べるものではない。しかし、この「リハビリ治療室」は、医師たちの自主的な努力が被災地域に新しいものを生み出した、重要な事例である。

「リハビリ治療室」長を務めるオリガ・ジュコワ医師は、21年のキャリアを持つ小児科医である。ジュコワ医師に「リハビリ治療室」の活動について紹介してもらった。

## 「リハビリ治療室」の活動

医師によるボランティアから始まった活動
このリハビリ治療室は、ノボズィプコフ市の小児科医タチアナ・フロメンコワ医師の提案で設立されました。フロメンコワ医師は、小児科病院で勤務する中で、障害児とその両親たちのケアの問題に直面しました。当時、地域の病院に神経病理学の専門医がいなかったのです。そのため障害児たちは、必要とするケアを受けられませんでした。

1993年10月にドイツのNGO「Pro-Ost」のメンバーと協力して、このリハビリ治療室をオープンさせました。私たちは、それぞれ仕事を持ちながら、勤務時間以外の時間に無償で患者たちの支援を行いました。

このリハビリ治療室の活動の中で、私たちはロシア国内だけでなく、外国の脳性小児まひ治療法を学びました。モスクワやカルーガの診療所で、治療法向上のための定期コースも受講しました。またドイツでの研修では、「ボイタ法」など、薬品を使わない治療法を学びました。

やがて州全体でも、障害児に対するリハビリ治療に注目するようになりました。1995年にはブリャンスク州ではじめての障害児のリハビリ治療科が、ノボズィプコフ社会サービスセンターに開設されました。国家予算からの資金がつくようになったのです。

このような活動を通じて、医師たちは、治療法を向上させていきました。そして、「医薬品を使わない治療法」の重要性を認識したのです。この治療法は、障害児を持つ保護者にとって、経済的負担が少なく、副作用もないのです。

## 独自の医療サービスに成長

リハビリ治療室では、外国のNGOの協力で、外国の設備を導入しています。この設備のおかげで、薬を使わずに障害を持つ子どもの早期診断と治療が可能になりました。

リハビリ治療室ができたおかげで、地域の子どもたちは通院しながらリハビリ治療を受けることができるようになりました。これで保護者たちにも、入院治療以外の選択肢が生まれました。

現在では、リハビリ治療室に、3人の専門家が勤務しています。みな、ドイツの医療機関とロシアのカザン州にある医学アカデミーで研修を受けています。

このリハビリ治療室には今では、年間350～450人の子どもが訪れています。ノボズィブコフ市だけでなく、ブリャンスク州の医療機関、またモスクワの医療機関から送られてくる子どもたちもいます。また子どもを連れて他の地域から、自主的にノボズィプコフまでやってくる親たちもいます。

子どもたちには、1人あたり30～40分のコースを実施し、1人1人に合わせたリハビリプログラムを設定します。その際に、保護者たちもリハビリ法を学ぶことができます。設定されたプログラムに合わせて、家に帰ってからも、リハビリを続けることができるのです。

## 全国的な評価を得る

リハビリ治療室では、16年にわたって、ドイツのパートナーやノボズィプコフ市立中央病院の仲間たちと共同作業を行ってきました。その結果、重度の脳性小児まひに苦しむ子どもの数を減らすのに貢献できたと考えています。

現在リハビリ治療室の患者名簿には、612名の子どもが登録されています。そのうちの409名は、小児まひを患っています。その409人のうち70人は、治療室のコースを経て部分的に、または全面的に回復したと診断されています。

ロシアの地方都市で、薬を使用しない治療が受けられる医療機関は多くありません。このリハビリ治療を求めて、ロシア全土から患者たちがノボズィプコフ市を訪れるようになりました。


2006年12月22日～2010年12月22日「リハビリ治療室」の受け入れ実績（一部抜粋）

（単位：人）

| 町名・州名 | 治療室でリハビリ治療を受けた子どもの数 |
|---|---|
| アルタイ地方 | 3 |
| ブリャンスク市 | 66 |
| ブリャンスク州 | 5 |
| ウラジオストク市 | 3 |
| エカテリンブルグ市 | 1 |
| カリーニングラード市 | 6 |
| レニングラード州 | 2 |
| ミンスク市（ベラルーシ共和国首都） | 3 |
| モスクワ市 | 54 |
| モスクワ州 | 44 |
| ノボシビルスク市 | 1 |
| オムスク市 | 8 |
| サンクトペテルブルグ市 | 16 |
| チェチェン共和国 | 2 |
| ノボズィプコフ市 | 839 |

今は前出の市民団体「ラジミチ チェルノブイリの子どもたちへ」が、「リハビリ治療室」を運営している。

２００６年12月22日～２０１０年12月22日の４年間に「リハビリ治療室」を訪れた患者の住所をリストにして、町名・州名でひろうと１３１地域に及ぶ。国内外の広い地域から、患者が訪れていることがわかる。

もちろん、内訳を見ると、ノボズィプコフ市の患者が最も多い。この４年間で「リハビリ治療室」は、ノボズィプコフ市内から８３９人の患者を受け入れている。

それでも、モスクワ市から54人、モスクワ州からは44人の患者が訪れている。驚くことに、遠くシベリアのアルタイ地方、極東のウラジオストクからも、少数ながら患者がノボズィプコフを訪れている。

筆者が、市民団体「ラジミチ　チェルノブイリの子どもたちへ」の宿舎を訪問した際には、シベリアからいくつもの州境を越えて、子どもを連れた母親たちが来ていた。彼女たちに、「どうしてわざわざノボズィプコフまでやってくるのか」と質問したところ、「自分たちの住む地域には、このような治療を受けられる場所がない。ここでリハビリ療法を学べば、自宅でも続けることができる」と話していた。

「どうやって、この『リハビリ治療室』のサービスについて知ったのか」と聞くと「インターネット経由」とのことであった。「ノボズィプコフの放射線量は気にならないか？」と聞くと、シベリア地方出身の女性は、「自分たちの地域にも、産業汚染の問題はある。ここにしかない治療があるので、ここに来るしかない」と語った。

### 「ここにしかないものを育てる」復興のあり方

ジュコワ室長は「神経疾患や障害と放射能汚染がどの程度関係しているのか、証明することは難しい」と認めている。しかし神経系統疾患が、ブリャンスク州で他の地域よりも多いことは確かだ。これは統計でも明らかになっている。医療支援を必要とする人々がいるのである。

しかし、ノボズィプコフでは、設備や医療人員が足りておらず、必要とするサポートを受けることができない人々がいた。そこで、有志の小児科医たちが、住民を助けるために自ら外国の治療法を学んだ。そしてこの地域に、高いレベルの治療ノウハウが蓄積された。それにより、他の街にはない独自の医療サービスが生まれたのだ。

「リハビリ治療室」を運営する市民団体の宿舎。訪問期間中、患者たちはここに寝泊まりする

「リハビリ治療室」は、非営利の市民団体が運営している。そのため新しいビジネスと呼ぶのは難しい。しかし見てきたとおり、被災地における医療技術とノウハウの集積が、小規模ながら「医療ツーリズム」とも呼べる分野を創出している。

「被災地だからこそ」、開発され蓄積される特別な技術やノウハウがあることに、目を向けたい。こうした被災地の負の面から生まれた創意を、「よかった」と単純に評価するには、心情的なためらいもある。しかし医療や環境保全、エネルギー関連の技術などは被災地でこそ発展させる意義がある。

住民の熱意や創意から生まれる新たな技術やノウハウ

を、積極的に評価し伸ばしていくことが、地域の復興の1つの道となるのではないか。

## 4　農業の復興に向けて

ブリャンスク州の多くの地域は、伝統的に農業を主要な産業としてきた。ノボズィプコフとその周辺は、もともとは農業地域である。広大な農地が、チェルノブイリ原発事故の影響を受け、安全基準値を満たす作物を作ることが困難になった。第1章で紹介したとおり、ノボズィプコフのパン工場では、他の地域から小麦を取り寄せてパンを作っている。

ブリャンスク州行政府のルィセンコ氏は、「復興の基本方針は事故以前の主要産業の再開」である、と強調していた。汚染度の高いブリャンスク州の南西部で、もとのとおり農業を主要産業として復活させるには、まだ時間がかかる。農業従事者たちは、いまだに基準値を満たす作物を作ることに苦労している。慣れ親しんだ農地を捨てて移住した人々、農業を断念した人もいる。

ノボズィプコフで農業化学を研究するハルケビチ氏は「農作物の汚染度を下げる方法は、いくつかあります。もともと肥沃な土地の方が効果が高く、必ずどこでも同じ効果を上げられるものではありません」と言う。

ハルケビチ研究員は、ノボズィプコフの農業実験ステーションで、飼料用作物の汚染低減の方法を研究している。この農業実験ステーションは、１９１６年に設立された歴史の長い研究機関で、もともとは農業の生産性向上や、品種改善の問題を研究してきた機関である。チェルノブイリ原発事故後は、汚染された農地で安全基準を満たした作物を生産する方法を研究し、農業従事者に提案することが、主な仕事となっている。

2001年導入の衛生基準“2.3.2.1078-01”

（単位：ベクレル／kg、ℓ）

| 品目 | セシウム137 | ストロンチウム90 |
|---|---|---|
| 肉（骨なし換算で） | 160 | 50 |
| 骨 | 160 | 200 |
| 鶏肉（加工品も含む） | 180 | 80 |
| 卵・液状卵製品 | 80 | 50 |
| 牛乳 | 100 | 25 |
| 魚 | 130 | 100 |
| 食用穀物 | 70 | 40 |
| 豆類 | 50 | 60 |
| パン・パン製品 | 40 | 20 |
| はちみつ | 100 | 80 |
| いも・野菜 | 120 | 40 |
| 果物・ベリー類 | 40 | 30 |
| 野生ベリー類 | 160 | 60 |
| 油糧種子 | 70 | 90 |
| バター | 200 | 60 |

＊現在はこの基準を下回らなければ出荷・販売できない。
出典：ロシアナショナルレポート、121頁

ハルケビチ氏が言うには、もともと地中の栄養素の少ない場所では、植物が集中的に放射性物質を吸収してしまう。たとえばカリウムが足りない土壌では、セシウムの吸収が進む。セシウムは、化学的にカリウムと性質が似ているからだという。そのため、カリウム肥料を集中的に投与することが効果的となる。土壌の汚染度は変わらなくとも、食物が吸収する放射性物質の量

ハルケビチ氏
ノボズィプコフの農業実験ステーション研究員

は、かなり減らすことができる。

ハルケビチ氏の研究対象である、牧草や飼料用作物の例で言うと、肥料の投与によって、同じ土地でも作物中の放射性物質を10分の1まで下げることができたという。とはいえ、10分の1に下がっても、まだ国の安全基準を上回る。

「土壌の除染では、土の表面を削り取る方法だけでなく、土の表面の層とより深い層を入れ替えることも効果的です。放射性物質は時間とともに、下方へ移動していくので、植物の根が届かないくらい深いところまで埋めてしまえば、植物が吸収する放射性物質は、かなり減るのです」とハルケビチ氏は指摘する。と同時に、ハルケビチ氏は「除染は、1~2年ごとに繰り返さなければいけない」と注意を喚起する。「一度除染して汚染度が下がっても、時とともに近隣の汚染地域から雨や水に流されて放射性物質が移動してきます。木の葉や枝が落ちてくることで、放射性物質が新たに降り積もることもあります。一度除染した地域でも、定期的に汚染度を測りなおし、除染を繰り返す必要が出てきます」。一面が平野のブリャンスク州でもそうなのだ、山から平地への水の移動がある日本の地形では、問題はさらに複雑であろう。

「日本の水田では、水が放射性物質を押し流してくれる効果はあるかもしれない。でも、その水をまた浄化するなど、追加の処置も必要になるでしょう」とハルケビチ氏は言う。

ハルケビチ氏や彼女の同僚たちは、研究成果を実際の農業生産に生かすべく、地域の農家に対してアドバイスをまとめている。しかし、「肥料の集中的投入」などの対策は、資金力のない農家には実行できないことも多い。

また農地や作物の汚染度のチェックにも、改善の余地があるという。現状では土地の汚染度は、一定の面積の平均値を測っているだけである。放射性物質による汚染は、数mの範囲でかなりの差が出る。より細分化された汚染マップを作らなければ、どこが農地として適しているのか、どこに集中的な除染が必要になるのか、把握することは難しい。

また食品の検査は、主にはサンプル抽出による調査である。対象となる農作物の安全性を、確実に保証できるものではない。

また市場で売っている農産物には、ウクライナやベラルーシから、行商が持ち込んだものも多い。これらの産物には、しかるべきチェックがされていないことが多い。

学校教師をはじめ、多くの人々が「食品は検査されて、

屋外の市場。農産物が売られている

基準を満たしたものだけが流通している」と言っている。しかし彼らも、食品衛生検査のやり方をしっかりと把握しているわけではないのだ。ノボズィプコフにおける内部被曝のリスクは、教師たちが考えるよりも高いのかもしれない。

## 5 地域の経済的自立に向けて

汚染度の高い地域における居住者への支援、移住者への支援は重要な施策である。しかし被災地域の住民たちが、政府からの支援だけに頼って生活するようになることも、また別の意味で問題だ。自立した経済発展を促していく必要がある。しかし、「退去対象地域」には人材が集まりにくく、地域出身の若い人材も他の地域に出て行ってしまう。このような悪循環を避けて、地域の経済を発展させていくためには何が必要なのか。

元ビジネスマンであるミラチョフ・ノボズィプコフ市長と、民間の起業家支援団体の代表者バフミャニン氏に話を聞いた。

## 被災者意識は捨てなければならない

ミラチョフ市長は元軍人で、事故当時、チェルノブイリ原発立地地域に隣接したベラルーシのナロブリャンスキー地区で勤務していた。発電所内の事故収束作業には参加していないが、隣接地域からの住民の避難や、疎開後の地区の整理などに取り組んだ。

「うまくいかないこともあったが、当時できることはすべてやったと思う。避難したがらない人も、その人たちの健康を第一に考えて避難させた」と、当時を振り返って語っている。

1995年に軍務でノボズィプコフに異動。1999年以降ビジネスに取り組む。2009年の選挙で市議会議員になり、市議会で議会議長（市長職を兼ねる）に選出された。

ミラチョフ・ノボズィプコフ市長（右）

### ノボズィプコフ市での復興プログラム

市単独で行っている復興プログラムはありません。しかし、国家プログラムと州プログラムでは、ノボズィプコフ市に重点をあてた施策もあります。1990年代から、ガス化プログラムが集中的に行われました。ノボズィプコフ地区のすべての居住区、ノボズィプコフ市内のすべての家で、ガス供給網の整備が済んでいます。

水道の敷設も重点的に行われています。以前は公営住宅が、集中的に国家予算で建てられました。これがノボズィプコフ市への移住者の受け入れや、より高い汚染を受けた地域からの避難者の住居として役立ったのです。

一方で、道路の舗装がうまく進んでいません。州や中央政府に働きかけて、そのための予算を付けてもらえるように、繰り返し要請しています。わずかながら前進はあります。現在、市の中心部では道路の舗装が進んでいます。

## 企業誘致の取り組み

4万人以上が住んでいる地域なので、被災地意識は捨てねばなりません。州や経済団体に働きかけて、企業誘致に向けて取り組んでいます。ごみ処理工場を作る計画が進められていたのですが、基準違反が見つかり実現が遅れています。土地も人員も、電力も供給できます。税制優遇もできます。積極的に企業からの投資を募っていきたいと思います。

正直に言えば、ノボズィプコフで原子力発電所の誘致を考えたこともあります。でも具体的な計画にはなりませんでした。住民が受け入れるかどうかの問題以前に、原子力発電所を設置するには、地理的に不便な場所だからです。川などが近くにないため、水が確保できません。また電力の消費地域まで送電網を張るにも距離がありすぎるのです。

工作機械工場（20ヘクタール以上）もあるのですが、うまく稼動していません。新しい設備の導入は、市の予算ではできません。このインフラや人員を使って、企業活動を進めるマネージャーや専門人材が必要です。

スーパーマーケットチェーンなど、商業部門の大手企業はノボズィプコフでも活動しています。肝心なのは製造業を育てることで、この課題はまだこれからです。以前は、ノボズィプコフの建設企業が州全体で活動し、工作機械の分野も強かったのですが、今ではこれらの分野が低迷したままです。

住民の意識改革が必要

最も重要なのは、住民の意識を変えることです。ソビエト時代から国がすべてを決め、住民にイニシアチブがないことに慣れてしまっているのです。住民が主役であり、積極的に事業を起こしていくように方向づけていかねばなりません。自分でやらねばならない、という意識が重要です。

市の雇用局では、国の起業支援プロジェクト（5万ルーブルの無償融資）を利用したビジネスコンサルティング、起業支援を実施しています。しかし住民の間では、まだビジネスを起こすのを怖がるメンタリティが強いのです。

## 被災市町村に起業支援センターの普及を

バフミャニン氏は、地域の起業を支援するブリャンスク州南西部企業家組織を１９９７年に設立した。２０１１年現在の会員数は約２２００人で、企業家または起業を希望する住民が主なメンバーである。

被災地における住民の経済活動を支える上で、何が重要になっているのか、バフミャニン氏の経験に基づき、話してもらった。

### 南西部企業家組織の活動

起業支援団体「南西部企業家組織」の、設立当時のメンバーは14人でした。それが1年後には、２００人に増えました。２００８年にはピークを迎え、会員数が２７００人を超えました。しかし、リーマンショック後に減少しています。

現在はブリャンスク州南西部の4地域（クリモフ、ズルィンカ、クラスナヤガラ、ノボズィプコフ）で活動しています。

メンバーは、小規模・個人ビジネスマン、または起業希望者です。希望者に対してコンサルティングを行いながら、ビ

バフミャニン氏

ジネスプランを作る手伝いをしています。起業を志しながらも、法的規則を知らない人がほとんどです。

南西部企業家組織では、ビジネス環境の改善のため、政策提言活動にも取り組んでいます。被災地の個人事業主たちの意向を、制度に反映できるように努めています。

たとえば、私たちの提案で、汚染地域の勤務者だけでなく、起業家も月額補償金をもらえるように制度を改善しました。以前は企業や組織に勤務する「就労者」だけが対象で、自ら起業する人々が除外されていたのです。私たちの提案が受け入れられ、その結果、行商を行う個人ビジネスマンにも、補償額が払われるようになりました。

小さな町では、商工会議所は活動していません。また小さな町のビジネスマンにとっては、商工会議所の会費は負担が大きすぎるのです。南西部企業家組織では、月3ドル程度の会費で、法務サポートやコンサルティングを受けることができます。

商工会議所に行くには、200㎞先のブリャンスク市に行かなければなりません。町のレベルで問題を解決するには、自分たちのような小さな組織のほうがよいのです。われわれのほうが現場での問題を熟知し、丁寧に対応できます。

### 会員のビジネスの例

多くの会員は商業をやっています。製造業でビジネスが起こせる会員は、ほとんどいません。

最近では、ぬいぐるみの製造に取り組む会員もいます。とはいえ、若い女性が自分の家でぬいぐるみを縫って、市場で売っている程度の規模です。

本格的な製造業の発展は、まだ難しいのが現状です。豚やウサギを買ってきて、小規模な畜産業をやるというケースはあります。でもまとまった資金がなければ、畜産ビジネスを本格的に展開するのは困難です。国の起業プログラムを使って、5万ルーブルの資金を受けることができますが、子豚が1匹5000ルーブルはするのです。

5万ルーブルの無担保融資と言っても、この額は失業給付の年額とほぼ同じです。5万ルーブル（約2000ドル）では、本格的なビジネスはできません。

ロシアで自分をビジネスマンと呼ぶ人のうち、本当の意味でのビジネスマンは、7～10％程度でしょう。残りは、つまりは失業者です。職場を追われてほかに生きていく方法がないため、「ビジネスマン」と呼ばれているだけなのです。その人々を支援するのが、われわれの仕事です。彼らはビジネスを行うノウハウも、経験もないまま放り出されています。

共同で出資してビジネスをやる例は、多くありません。1980年代～2000年代の混乱期の中で、相互不信や個人主義が根付いてしまいました。共同事業という概念が、なじまなくなってしまったのです。何人かでビジネスを始めると、どこかで利益分配などの問題が生じます。それを仲裁するような簡易調停のシステムも、不十分です。

被害者心理を乗り越えて、自主的な取り組みを

住民の間に、被害者心理が根づいてしまいました。これが最も深刻な問題です。自分たちでは何もできない、という意識が、経済発展の足かせとなっています。自分で経済を発展させるよりも、中央に支援金をねだりにいくほうが楽になってしまいます。

しかし、中央からの補助に慣れてしまうのは、本当は危険なことです。いきなり支援金が廃止されたら、生きていく方法がないのですから。

チェルノブイリ原発事故が起こった当時、まだロシアには市場経済が発達していない状態でした。小規模起業家や資本家を育てるための政策が、まったくなされていませんでした。ソ連解体前後の混乱期に、住民が自ら起業できるだけの社会的・心理的土壌が育っていなかったのです。

1990年代に、企業活動を合法的に発展させることは、簡単ではありませんでした。多くの職場では、経済的混乱の中、半年以上の給与停止があたりまえになっていました。生き残るために、犯罪に手を染めた人々もいます。犯罪者にならずに生き抜くためには、自分でビジネスを起こさなければなりませんでした。

しかし多くの人は、起業のための準備がありませんでした。個人にできるビジネスは、行商くらいのものです。多くの住民が仕事を失い、中央アジアやトルコとの行商によって生計を立てていました。

政府は被災地支援の資金を出しました。総額で見れば、かなり大規模な資金拠出です。けれど、

最も重要な、中小企業の発展に力を入れてこなかったのです。本来は経済的自立こそが、社会問題解決の近道です。

被災地から出ていったのは、主に若い、最も活動的な人々でした。被災地には、小さな子どもか老人しか残りませんでした。移住を奨励すれば、若い人だけが出て行ってしまいます。移住支援をするなら、全員を移住させるほうが良いと私は考えます。

老人だけが残れば、地域を復興することができなくなってしまいます。最も活発な若者たちが流出します。地域に残るのは、事情があって出ていけない人ばかりです。

もちろん被災地での社会支援は必要です。でもやり方が悪ければ依存症を生む危険と紙一重であることにも、注意すべきです。

## 被災地におけるビジネス支援センターの必要性

被災地では、起業支援センターの設立が必要になります。各センターに、法務コンサルタントと税務コンサルタントを常駐させなければいけません。起業申請者のポテンシャルをはかる、心理コンサルタントも必要です。またロシアの地方都市ではみながコンピューターを使えるわけではないので、こういった企業支援施設で必要な設備を提供することが大切です。

本来なら、被災地のビジネス支援は民間の組織でなく、行政や政府の機関が行うべきです。国のプログラムとして、各地方都市にビジネスセンターを設置したほうが良いでしょう。住民がわれわれのような民間組織でなく、自治体や政府機関に相談に行くようになれば、そのほうが健全です。でもロシアの被災地では、政府や行政への不信感が強く、住民の多くは行政に期待していません。そのため、われわれのような組織が必要なのです。

州の中心地であるブリャンスク市には、国の融資システムがあります。でも本来なら被災市町村にこそ、直接そのような融資窓口を置くべきです。現在ロシアには、銀行もベンチャーファンドもあります。でも、中小ビジネスを相手にした融資は不十分です。民営銀行は、儲けにならない中小ビジネスを相手にしません。中小ビジネスに対する融資は、国家プログラムでやるべきです。

市の産業政策を担うノボズィブコフ市長と、民間の起業家支援団体の代表者に話を聞いた。ミラチョフ市長は、市に企業を誘致することの必要性を強調している。それに対してバフミャニン氏は、個人事業など、住民のイニシアチブでの起業を支援している。

立場や取り組んでいる問題の範囲は異なるが、両者ともに「被災地域が補助金に依存してしまうことの危険性」「自主的な行動を促す意識改革の必要性」を指摘する。

被災地がおかれた状況の中で、前向きになれない人々の気持ちを「被害者意識」と言ってしまうことには疑問が残る。とはいえ、補助にたよることに慣れてしまうのが危険なことも事実だ。住民自らの積極的な活動を促すことが必要だ。

起業支援といっても、個人レベルの起業を促すだけでは、町全体の経済発展につなげるのは難しい。

やはり、一定規模の雇用を確保できる施策が重要になるだろう。ここでは民間と行政の、密な協力が欠かせない。

バフミャニン氏は、「住民は行政を信用していない」と述べている。官民の協力はうまく機能していないようだ。「住民は問題があっても、行政に相談に行かない」というバフミャニン氏の指摘は、象徴的だ。

国や州は住民支援プログラムを用意しているが、そのプログラムだけでは、住民のニーズに細やかにこたえられてはいない。そのギャップを埋めるために、地元の市民団体が必死にかけ回っている、という構図が見えてくる。

## ◉第6章のまとめ

「ノボズィプコフ」は、「退去対象地域」である。住民には、「住み続ける権利」も認められている。そして住み続ける人々に対して、チェルノブイリ法で一定の支援が認められている。この章で紹介した人々は、法律に定められた制度も活用しながら、ノボズィプコフでの生活を「よりよいもの」にするために、それぞれの分野で取り組んでいる。

彼らの話から見えてくるのは、国の支援策が被災地の現場に十分に届いていないということだ。

国が何もしていないわけではない。予算をつけて、県庁所在地に高度医療センターやがんセンターを設立した。しかし、最も治療や精密検査を必要とするノボズィプコフ市では、病院の設備も人員も足りていない。また前述のとおり、チェルノブイリ法が定めた月額補償金は、支給金額が切り下げられることで、微々たるものになってしまった。

この章で紹介した市民団体職員、教師、医師たちは、被災地の住民の問題に対応しながら、自発的に支援のメカニズムを作り上げてきた。彼らの取り組みは、人間を動かすのが金銭的な見返りではなく、「人とともにありたい」「何かの役に立ちたい」という意欲であることをあらためて証明している。

そして、彼らの試行錯誤の取り組みの中から、日本で参考にすべきことも少なくない。詳細な汚染マップの作成、汚染されていない地域でのサマーキャンプ、食育を通じた内部被曝の防止、など、日本の被災地でも実施できる地道な施策が多い。

こうした施策を実行していくにあたって、現場に近い市民団体や、民間組織の力を活用することは重要だ。しかし、市民団体やボランティアの活動だけに頼るのは限界がある。マルガリータ先生のギムナジヤでは、その特徴的な例を見た。ある学校で教師が見本となる取り組みをしていても、それが他の学校ではできていない。それでは地域全体での生活向上には、結びつかない。たとえば、子どもの健康にかかわる放射線防護の授業は、必修にするべきだろう。必要な施策を長期的に、広い層の住民を対象に行うには、法律の枠組みに基づいて国や地方自治体が関わっていかなければならない。

「チェルノブイリ法」は、汚染地域に住み続ける「リスク」があることを認めている。そして、「居住リスク」補償を定めている。だとすれば、この「リスク」を低減する有効な方法には、国が責任を持って資金を拠出すべきだ。そのうえで、現場に近いボランティアや市民団体の力を最大限活用する。日本でも、福島第1原発事故後、多くの市民団体やNPOが、被災地域の住民や避難者支援に取り組んでいる。被災者の方々にとって、必要不可欠な支援も多い。しかし、財源や活動範囲に限りのある市民団体の自主的努力に任せるだけでは、10年20年と続く原発事故被災地の問題には対応しきれない。これらの支援が、広く継続的に行われていくための制度作りが求められている。

また、国と地方自治体、民間団体の効果的な協力を促進する制度も必要だ。その制度の土台となるのは、住民と行政の信頼関係である。ノボズィプコフでは、その信頼関係が失われ、官民の総力を挙げた地域復興ができていない。原発事故当時に、行政が十分な情報開示を行わなかったことについて、住民の多くはいまだに恨みに近い感情を持っている。「役人」と聞くだけで、「不信」をあらわにする住民と、行政や地方自治体は、復興のために足並みをそろえることができずにいる。これも、「ロシア・チェルノブイリ問題の首都」から、私たちが学ぶべき教訓の1つだ。

# 第7章　日本の被災地・被災者支援制度作りに向けて

ここまで、主にブリャンスク州ノボズィプコフ市を例にして、チェルノブイリ被災地では、どのように住民支援・避難者支援が行われているのか紹介してきた。

チェルノブイリ被災地の経験は、原発事故被災者の権利を法律に定めて対応した事例として、現在の日本にとって唯一の先例だ。この先例から、日本の制度作りのために何を参考にして、どんな教訓を引き出すことができるだろうか。筆者が考える、日本における制度作りの方向性を示してみたい。

## 1　被災地域の法的な定義を

チェルノブイリ原発事故被災地では、広い範囲の汚染地図が住民に公開されるまでに、事故後数年を要した。そして、「どこまでを被災地と認めるか」という共通認識ができるまでにも、時間がかかった。そのせいで、事故後の数年間、その先にある「いかに被災地を支援するか」という問題に、一貫した方針を打ち出すことができなかった。

日本では、まだこの「被災地の範囲」に関して明確な共通認識がない。「被災地とはどこか」の共通基準を定めないまま、避難者の支援や、地域復興の問題に取り組むことには限界がある。原発から等距離の同心円内でも、放射線量にはばらつきがあるが、そこをどのように線引きをするのか？　福島県外でも放射線量が高まった地域は、「被災地」ではないのか？　無限に疑問が生じる。そしてその疑問が簡単に消えないことは、チェルノブイリ事故の歴史が示している。

チェルノブイリ被災地では、1991年にチェルノブイリ法で「放射能汚染地域」の定義が定められた。この法律では、30㎞ゾーン（強制避難区域）の外でも、広い地域が「放射能汚染地域」と認められ、支援や補償の対象になっている。「強制避難区域」だけが「被災地」ではないのだ。福島第1原発事故後の1年間に、日本で「被災地域」がどのように区分されたかを振り返ってみたい。「強制避難区域」外の地域で、どこまでを被災地と認め、どのように支援するのか、明確な方針を示していないことが分かる。

2011年4月22日に、原発周囲20㎞圏に警戒区域が設定され、住民の避難が義務づけられた。20㎞圏外にも、緊急時避難準備区域、計画的避難区域の2つが設定された。前者は、福島第1原子力発電所の事故の状況が安定していないため、緊急時に屋内退避や避難の対応が求められる可能性が否定できない状況にある地域として設定された。この区域では、住民に対して常に緊急的に屋内退避や自力での避難ができるようにすることが求められた。後者は、事故発生から1年の期間内に、積算線量が20ミリシーベルトに達するおそれがあるため、住民等に概ね1カ月を目途に別の場所に計画的に避難を求める地域として設定された。緊急時避難準備区域については、2011年9月30日に解除決定が出された。

そして、2011年12月の事故収束宣言を経て、今度は「避難指示区域」内の地域の再編が始まっている。年間の積算線量が20ミリシーベルトを超えない地域では、人々が戻って生活を再開することを認める方針で、避難指示解除、住民帰還が進められている。

しかし、避難指示区域の外では、どこまでを「被災地」と認めて支援をするのか、あいまいなままである。避難指示が出されていない地域でも、多くの人々が放射線リスクに不安を感じながら生活している。自主的に避難をした人々もいる。これらの地域は、法的に「被災地」ではなく、したがって、住民に支援を受ける法的権利もないのだろうか。チェルノブイリ法に定められたような「移住権」や、「居住リスク補償」は、これらの地域にも必要なのではないか。

チェルノブイリ法が定めた被災地域の区分と、事故後1年間の日本の被災地域区分を比較してみたい。

両者を比較すると、日本における被災地区分のあいまいさが際立つ。チェルノブイリ法では、「強制避難区域」の外の地域も、「被災地」として位置づけている。そして汚染度の高い地域ほど、より充実した支援や補償を与える、段階分けの工夫がこらされている。

| チェルノブイリ原発事故被災地の分類<br>（ロシア連邦チェルノブイリ法の規定） | | | |
|---|---|---|---|
| 疎外ゾーン | チェルノブイリ原発周辺 30km ゾーンおよび 1986 年と 1987 年に放射線安全基準に従って住民の避難が行われた地域 | 義務的移住 | 居住不可 |
| 退去対象地域 | セシウム 137 濃度 40 キュリー / $km^2$ 以上<br>または<br>実効線量 5 ミリシーベルト / 年を超える | 義務的移住 | 居住不可 |
| 退去対象地域 | セシウム 137 濃度 15 キュリー / $km^2$ 以上 40 キュリー / $km^2$ 未満 | 移住権付与 | 居住可 |
| 移住権付居住地域 | セシウム 137 濃度 5 キュリー / $km^2$ 以上 15 キュリー / $km^2$ 未満<br>かつ<br>実効線量 1 ミリシーベルト / 年を超える | 移住権付与 | 居住可 |
| 移住権付居住地域 | セシウム 137 濃度 5 キュリー / $km^2$ 以上 15 キュリー / $km^2$ 未満<br>かつ<br>実効線量 1 ミリシーベルト / 年以下 | 移住権なし | 居住可 |
| 特恵的社会・経済ステータス付居住地域 | セシウム 137 濃度 1 キュリー / $km^2$ 以上 5 キュリー / $km^2$ 未満<br>かつ<br>実効線量 1 ミリシーベルト / 年以下 | 移住権なし | 居住可 |

| 福島第 1 原発事故被災地<br>（2011 年 12 月現在） | |
|---|---|
| 「警戒区域」<br>福島第 1 原発周辺 20km 圏 | 避難指示 |
| 「20km 圏外」<br>年間の積算線量 20 ミリシーベルト超で計画的避難または避難勧奨<br>一部を除き居住は禁止されていない | 移住権なし |

日本の場合はどうだろうか。上の表中で、点線の円で囲んだ部分が、原発事故被災地として法的に補償・支援の対象となるのかどうかが、いまだにあいまいである。「強制避難区域」の外では、若干の例外を除いて、法律に定められた「避難支援」がないままだ。単発的な支援や1回払いの補償はあっても、「居住リスク」を考慮した長期的なサポートも、法律で約束されてはいない。「補償」を求める住民は、自分で賠償請求を行わなければならない。

「避難指示区域」（また「特定避難勧奨地点」）ではない地域からも、住民の自主的避難が増えた。諸事情で避難できないながら、切に避難を希望する人々も少なくない。住民が考える「被災地」の範囲は、政府の定める「警戒区域＋α」よりずっと広いのだ。さらに言うなら、福島県という都道府県の範囲にも収まりきらない。

このように、現在の日本では住民、政府、行政の間で「被災地」の範囲に関する共通認識がない。この認識のギャップを抱えたままでは、一貫した被災地・被災者支援は不可能である。社会が大きな混乱に陥る危険もある。これは、被災地範囲の確定が遅れたチェルノブイリ被災地からの、重要な教訓だ。

丁寧な情報公開に基づいて、住民と「支援が約束される被災地」の範囲について共通認識を作る努力がいっそう求められる。そうでなければ、「日本全体が被災地」という主張と、「避難指示区域外に原発事故被災地としての支援は必要ない」という主張の両極端が平行線をたどったまま、終わりのない対立に陥る可能性もある。

誰もが納得いく基準はありえず、基準作りの際には意見の不一致による軋轢は生まれるだろう。それでも、今のままのギャップを放置していては、取り返しのつかない対立や混乱が生じ、社会に大きなゆがみを残す可能性がある。必要なのは、国が住民の意見をできるかぎり反映する努力をした上で、法律で「被災地」の基準を定めることである。

## 2　法律で基準を定めよ

原発事故から5年を迎える現在、日本ではいまだに「20ミリシーベルト／年」という非常事態同様の基準が適用されている。

これは平時の、一般住民に対する基準「1ミリシーベルト／年」から見れば20倍に当たる。20ミリシーベルトは、成人の原発作業員の年間被曝限度（5年間の平均）である。この基準を未成年や妊産婦も含む一般住民に、何年ものあいだ適用してよいのか。疑問があって当然である。

2012年6月に議員立法で成立した「子ども・被災者支援法」[1]は、「放射線量が政府による避難に係る指示が行われるべき基準を下回っているが一定の基準以上である地域」を「支援対象地域」と定めている。住民支援、帰還者支援だけでなく、自主避難者に対する支援も約束している。これはチェルノブイリ法の「移住権」「居住リスク補償」の考え方を取り入れたもので、画期的な法律である。

素直に法律を読むなら、20ミリシーベルト以下のレベルで基準を定め、国がそこに住む住民の健康保護や、そこから避難する人々の生活支援をすることになる。しかし政府は、「支援対象地域」

▼1　「東京電力原子力事故により被災した子どもをはじめとする住民等の生活を守り支えるための被災者の生活支援等に関する施策の推進に関する法律」

の確定にあたって、線量基準を定めることを避けた。また、避難先で生活を続ける人々に十分な住宅支援、生活上の支援はなされていない。

チェルノブイリ被災地では人民代議員たちが「1ミリシーベルト」基準を法律に書き込んだ。この基準を変えるには議会での審議が必要である。一方、日本では、政府が決議や省令で基準を恣意的に変えることができてしまう。

日本でも、基準を法律に定める必要がある。その地域で生まれ育つ子どもが、何十年も生活することを想定して、被曝限度を考えなくてはならない。それに際してやはり、先例、これまでの原子力被害における「再建の知恵」に向き合う必要がある。その1つが、チェルノブイリ法の定める「1ミリシーベルト／年」の被曝量基準であろう。チェルノブイリ法では、事故から5年を経て、「住民」の平均実効線量1ミリシーベルト／年を基準とした放射能汚染地域の基準を定めた。この先例が貴重な指針となるだろう。

「どのレベルの被曝量を超えれば危険か」という議論には、誰もが納得いく答えは出ないだろう。専門家の間でも意見が分かれ、被曝の影響に個人差があることも明らかである。だからこそ、これまでに作られた世界の法律を参考にしなければならない。一般住民の被曝量について、人類がこれまでどのようなルールを定めてきたのか、その先例こそが、「支援対象地域」の基準を定める上での出発点となる。先例にならうことを、単純によしとしているのではない。法律は、人類社会が苦悩しながら定めてきたルールの体系であり、その先例を論拠として議論を始めるべきだと、筆者は考える。もしチェルノブイリ法とは異なる基準を採用するのであれば、その根拠を明確に示すべきだ。

しかし、仮に「1ミリシーベルト／年」という基準を定めたところで、どうやって各地域の被曝量をチェックして、「対象地域」の範囲を決めるのか、技術的な問題が残る。チェルノブイリ被災地でも、「1ミリシーベルト／年」の平均実効線量を測る測定法を開発するのに数年かかった。その測定法も絶えず不備を指摘され、見直されている。

それでもなお強調したい。「1ミリシーベルト／年」という基準が重要だ。すべてが、そこからはじまる。言い換えれば、まず必要なのは「約束」であると思う。平時の一般住民の被曝量基準であり、唯一の先例であるチェルノブイリ法が定めた基準がある。この基準を超えた場合には、「責任をもって支援する」という約束がほしい。もう一度国民が日本という国を信じるために、今必要なのは、この「約束」だ。

## 3　二者択一を超える「移住権」の必要性

チェルノブイリ原発事故被災地では、一定の基準を満たした地域に「移住権」が認められている。その主な基準が、「1ミリシーベルト／年」の追加被曝量（自然状態の被曝量を差し引いた数値）

である。移住権を認められた避難者は、移住先で住宅の確保や、就業にかかわる支援を受けることができる。

筆者は、福島第1原発事故被災地においても、「移住権」は必要であると考える。国の避難指示区域の外から自主的に移住した人々の多くは、移住先の住宅や就業の問題で苦しんでいる。避難を希望しながらとどまっている人々の多くにとっても、避難先での生活の先行きが見えないことが足かせになっている。

「移住権」があれば、被災地の住民に、より多様な選択肢が用意される。「権利」である以上、地域に残って住み続けることを選ぶ人々に、避難を強いることもない。「移住権付の居住地域」という制度には、「全員移住」か「全員残る」かの二者択一を超えた、住民自身の選択を尊重する工夫がある。

しかし「移住権」を認めれば、人口の減少につながらないか。これはそれぞれの地域にとって望ましいことなのか？　一方通行の人口流出促進になるなら、「移住権」を地方自治体が歓迎しないということもあるかもしれない。しかし最も優先されなければならないのは、個々人の選択の権利ということであろう。どちらかの選択を一律に強いれば、同じ地域の住民の中で、「避難を求める人々」と「避難の必要性を認めない人々」が対立することになり、地域内の分裂が深刻化する。「移住」権は、「住み続ける」権利と一体であり、「避難する」選択も、「住み続ける」選択も、同様に尊重するものである。

そして、「避難すること」は「永遠に別の地域に去る」「ふるさとを捨てる」ことと同じではない。事故後の一定期間に他の地域に避難し、後にまた戻ってくるという道もある。また、それほど遠くない地域に避難して、定期的に戻ってくるという選択肢もあるのではないか。ここでも、多様な選択肢が認められるべきだ。

## 4 「帰還権」を「避難の権利」とセットで

ここで重要になるのが、「帰還権」という考え方だ。

ロシアの例を見ても、「移住の権利」によって他の地域に移り住んだ人々のうち、一定の数の人々は、後にもとの地域に帰ってきている。そのときに故郷（もとの地域）で、帰還者たちは、やはり住宅確保や就業の問題に直面する。そのような帰還希望者に対しては、もとの地域への移動、住宅確保、就業などにかかわる一連の支援を受ける権利を認める。これが「帰還権」の趣旨だ。

第5章で紹介したノボズィプコフのタロベルコ氏は、「移住者の8割がもとの地域に帰ってきている」と言う。しかしそれらの人々は、帰ってきた故郷で住宅や就職の問題に苦しんだ。チェルノブイリ法では、移住者への支援はあるが、やがて帰ってくる帰還者への支援は認められていない。

「帰還権」は、チェルノブイリ法の教訓を参考に、日本の制度作りのために筆者が提案してきた。先に触れた「支援法」にも、「移動前の地域への帰還」を選択する住民に対する支援が盛り込まれた。「帰還権」があることで、移住者たちは「やがて状況が改善したら、いつでも帰ることができる」という選択肢を持つ。「故郷を捨てて、もう二度と帰らない」という決断をしなくても良いのだ。これも残酷な「二者択一」を避けるための工夫の1つである。

「移住の権利」が、「帰還の権利」と一体のものとして定められてはじめて、被災者は、生活に長期の展望を持つことができる。そして「帰還権」があることで、「移住権」は一方通行の人口流出促進ではなくなる。時間はかかるにせよ、移住した人々が一定の期間を経て、もとの地域に戻ってくる道を用意するのだ。「帰還権」によって、避難者支援と長期的な地域復興を両立する道が開ける。

帰還権には、最低限、次のことがらが定められるべきである。

・帰還の時期の選択権
・移住先の居住地に持つ資産で、移送不可能なものの補償
・帰還先の住宅確保にかかわる支援（公共住宅への優先入居、住宅用地の優先的確保等）
・帰還先での就職支援（就業支援、職業訓練、求職中の月額給付）
・当該地域居住者と同等の生活上の支援（帰還者とほかの住民の支援に差をつけない）

「帰還権」もまた「権利」である。「帰還」を希望しない人々を、「帰還支援」と称して引き戻そうとすることは許されない。移住支援が受けられないまま、避難先での生活が立ち行かなくなり、不本意ながら帰ることを余儀なくされる人々がいる。こうした人々の不本意な「帰還」を支援することは、「帰還の権利」を尊重することとは、まったくちがう。「帰還するかしないか」「帰還の時期」は、本人が決定できなければならない。

避難指示区域の再編に伴って、複数の自治体が、地域での生活の再開のために避難者たちに帰還を呼びかけている。いくつもの地域に分かれて避難生活を送る住民たちを、できるだけ早くもう一度集め、コミュニティを再建したいという地方自治体の望みは、良く分かる。しかし、アンケート調査データを見る限り、若い年齢層を中心に、今の時期に帰還することをためらう人が少なくない。

「帰還権」は、現時点で帰還をためらう人々に、一定期間の避難先での生活を経て、後に帰ってくる選択肢を保障する。これが数年になるかもしれないし、タロベルコ氏の友人たちのように、10年以上ということもあるかもしれない。それでも人々は戻ってくる。それは、チェルノブイリ被災地の30年の経験が示している。土や生家、先祖とのつながり……。スラブ人と日本人の故郷意識は似ている。

「帰還権」があれば、移住した人々がもとの地域への帰属意識を保つことができる。「いつでも自分はこの地域に帰ることができる」という意識である。二重住民票制度などとあわせれば、地理的に離れながらも、地域コミュニティへの帰属意識を保ちやすくできるのではないか。そして納得するまで移住先で暮らし、いずれ自分が希望するなら、帰還する。それを見守り、受け入れるのが日本の故郷だ。

「今すぐ戻ってくるのか?」それとも「故郷を捨てるのか?」というのは、残酷な二者択一だ。ここまでも強調してきたが、チェルノブイリ被災地の経験をもとにした筆者の提案は、「できる限り、二者択一をもとめないこと」を主軸にしている。可能な限りの多様な選択肢が必要だ。

チェルノブイリ法の「移住権」は、「全員移住か、全員残るか」の二者択一を超えるための制度であった。「帰還権」は、さらに移住者が、故郷との関係を「切らない」選択肢を用意する。

## 5 被災地と移住先を結ぶ「行ったりきたり」モデルの可能性

地域復興は、地域に残った人々だけが担うものではないはずだ。一度避難し、後に帰ってきた人々も、地域の長期的な復興に参加する仲間となることが理想的と思う。また日本の場合、避難した人々が、もとの地域と連絡を密にしながら、「行ったりきたり」することも物理的に可能だ。チェルノブイリ原発事故被災地と日本とを比較すると、日本の交通・通信網の整備状況は圧倒的に高度だ。ブリャンスク市からノボズィプコフ市への道のりを思い起こすと、わずか200㎞の距離でありながら、未舗装の道路を6時間かけてミニバンで移動するのだ。このような国土整備の状況では、避難した人々が時々帰ってくるというのも難しい。

日本は狭い国土に、世界有数の鉄道網・道路網が張り巡らされている。だからこそ、関西に避難した人々が、資金さえあれば月に何度か福島に戻り、家族と再会するということもできる。「支援法」には、母子避難者や家族内の一部避難の状況も考慮し、家族とはなれて暮らす子どもに対する支援が、重点施策として盛り込まれている。被災地に残った家族と、定期的に会って時間を過ごしたい、というのは、多くの避難者の切なる希望である。

たとえば可能な地域には、「行ったりきたりする」ための長距離バスを用意したらどうだろうか？そのバスの運行も、地域の事業として被災地の業者が実施するのだ。「避難者」を「地域を捨てた人々」と決めつけるよりも、避難者が時々帰ってくることのできる仕組みを作ったほうが、地域復興にとってプラスになるはずだ。

また避難先で仕事をする人々、別の地域に移り住んで勉強する若者たちには、その仕事や学んだことを故郷やもとの地域に還元できる道を用意したい。チェルノブイリ法では、被災地域の若者が大学に入学する際、優先的に無料就学枠が認められる。この制度を使って、優秀な若者たちが他の地域に出ていき、若者の流出が促進されたという。

若い人々が生まれ育った地域を出て、広い世界で学ぶ機会が保障されるのは良いことだ。しかしチェルノブイリ法には、これらの優秀な学生たちが、学んだことを生かして故郷に還元する枠組みがない。地域の外に出て学んだ成果、地域の外での仕事を通じて故郷の復興に参加していくことを促す仕組みも、一緒に考えていくべきだ。

「出て行く人」（避難者）と「残る人」に二分する考え方こそが、コミュニティを分断する。避難するが、やがて戻ってくる人、地域に残っているが、定期的に保養のために外に出ていく人、別の地域に住みながらも、「行ったりきたり」してコミュニティに参加する人。多様な地域復興へのかかわり方が認められる国でありたい。筆者は、この「出て行くか残るか」の二者択一を超えた社会こそ、日本が世界に提示する、新たな被災地制度であってほしいと願っている。

## 6 「居住リスク」低減のための保養や健康診断を

チェルノブイリ法では、行政が何らかの措置をとる介入基準を被曝量「1ミリシーベルト／年超」と定めている。これは「1ミリシーベルト／年を超えると、絶対に健康被害が出る」と言っているのではない。「絶対に被害が出るか否か」ではなく、この基準を超える地域に居住する人々には、「一定のリスクがある」ということを認めているのだ。

被災地域における健康保護を考える場合、この「居住リスク」という考え方は重要だ。事故後の不安の中で、健康被害の問題は「健康被害が出るか出ないか」という、オールオアナッシングで議論されているように思う。もちろん、不安を感じながら生活している人々にとっては、命にかかわる問題だ。「チェルノブイリ原発事故では、これだけの被害が出ている」、逆に「被災地の人々よりずっと高い被曝を受けたが、元気にしている人々もいる」と、さまざまな例がさまざまな立場から挙げられる。しかしそれらの例は、たいがい客観的に評価することが難しい。放射線の影響を評価するには、数十年にわたって、幅広くデータを蓄積する必要がある、とも指摘されている。そして被害規模の数字をめぐっては、チェルノブイリ被災地でも解釈が対立している。

このような対立を超えるために、チェルノブイリ法では「被害が出るかどうかは分からないが、一定のリスクがあると認める」という立場をとっている。そこを出発点と定めて、その次を考えていこうということだ。そしてそのリスクの低減のため、被曝量をできる限り、介入基準以下に下げるための施策を準備している。

その中でも重要なのが、「汚染地域」外での保養の実施と、年1回の義務的な健康診断である。特に「保養」は、被災地域に住む子どもたちを一定期間、汚染されていない地域で過ごさせ、年間の累積被曝量を下げる実質的な効果をもたらした。しかしロシアのチェルノブイリ被災地では、この子どもの保養費支給の制度が、後に法律から削除されてしまった。他方で、1年に1回の義務的な健康診断は、事故後30年が経とうとする現在でも続けられている。これが住民の健康に対する意識を促している。そして専門家の診断（甲状腺超音波診断など）を受けることによって、一定の根拠ある安心が得られていることは間違いない。

「絶対に安全だから必要ない」でも、「絶対に危険だから必要だ」でもない。「リスクがあることを認めて、そのリスク低減のために、できる限りのことをする」というアプローチである。放射能の人体への影響について、特に次世代への影響も含めて意見が分かれ、その影響に個人差があることも明らかである以上、「被害」ではなく「リスク」に対する補償という考え方は重要だ。

## 7　被災地だからこそ発展するノウハウや技術に投資を

原発事故被災地では、住民の健康問題のほかに、いかにダメージを受けた地域経済を立て直していくかということも大きな問題だ。今回の訪問調査では、残念ながら、チェルノブイリ原発被災地における、地域の自立的な経済復興の兆しを見ることはできなかった。ノボズィプコフ市の職員や経済人からは、ネガティブなイメージによる地域の投資魅力の低減や、住民の起業意欲の低下、若者の流出など、否定的な事例をたくさん聞いた。福島第1原発事故被災地でも、この悪循環を避ける方法を考えていかなければならない。

汚染のレベルによっては、農業や林業など、もともとの産業の復興が難しい地域もある。ノボズィプコフでは、新たな製造業の誘致にも苦労している。しかし医療や環境保全など、被災地域だからこそ必要になるきめ細やかな住民サービスもある。それらのサービスは、ノウハウとして蓄積され、独自の地域産業に発展していく可能性がある。

第6章で紹介した、ノボズィプコフ市の「リハビリ治療室」の例は、1つの参考例となるだろう。この「治療室」は、非営利の市民団体が運営するものであり、「新たな産業の創出」と呼べる規模のものではない。しかし専門家や設備が不足し、高額な薬品も入手しにくい被災地で住民のニーズに寄り添いながら、医師たちが治療のノウハウを磨き、独自の付加価値サービスを生み出した稀有な事例である。残念ながら、チェルノブイリ被災地では、これらのサービスに注目して産業として育成していく官民合同の取り組みは見られなかった。

このように、被災地だからこそ、蓄積していくノウハウや技術がある。そこに予算と人材を投じ、技術の集積を通じた産業創出を目指す視点が可能ではないか。医療やエネルギー技術の開発を、被災地で集中的に行うことが、1つの道として議論されてきた。

チェルノブイリ原発事故時のソ連と比較して、日本の特徴は、「民間企業」や「市民団体」が被災地で活発に活動してきたことだ。ソ連には、そもそも民間企業がなく、主体的な動きは生まれにくかった。もともと市場を通じて消費者と信頼を築いてきた企業は、住民のニーズに細やかに対応できる。現場に近い「市民団体」は、行政の手が届かないところで、被災者のニーズをくみ上げることができる。そんな優れた民間組織の努力の中から、新たな技術、新たな住民相互サポートの連携、新たなサービスが生まれてくることが期待できる。

都市部から離れた被災地への遠隔医療を用いた医療サービスの充実化、放射線防護や、除染の技術を研究開発する研究所の設置、放射能汚染を受けた地域での安全な水供給（飲料水・工業用水ともに）のための技術集積、など、重点的分野を定め、そこに人材や資金を投入する。それが政府や大企業によるおしきせでなく、住民や地域からの発意を実現するものであってほしい。

被災地復興は、単にモノや金を送るだけの一方的な支援ではない。日本の社会保障制度や企業、市民団体、自治体、住民からなる社会コミュニティの新たな関係のあり方が問われている。

# おわりに

チェルノブイリ原発事故が起こった当時、筆者は8歳、小学3年生であった。大人たちがしきりに、「放射能が雨で降ってくる」という話をしていた。当時筆者は、原発事故というのがどういうものなのか、理解できていなかったと思う。その後漫画やドキュメンタリーで、チェルノブイリ事故の消火作業に参加して亡くなった人々や、病気になった子どもたちの話を知った。それでも、それは「遠い国のかわいそうな人たち」の物語であった。

大学ではロシア語を専攻し、留学期間も含めて4年ほどロシアで生活した。そのときも、チェルノブイリ原発事故のことを思い出すことは、ほとんどなかった。

チェルノブイリ原発事故被災地の制度をテーマに選んだのは、福島県の人々との出会いがきっかけである。事故後の不安の中で、避難を決断する人々、地域に残って住み続ける人々に対して、どんな制度があれば助けになりうるのか、知りたかったからだ。

入手できる文献から読み始めた。チェルノブイリの悲劇について書かれた本は少なくない。でも筆者が知りたかった被災地の「制度とその運用」について、情報はほとんどなかった。日本語だけでなく、英語で探しても、制度を解説した資料は見つからなかった。

ロシア語でチェルノブイリ法、政府報告書や報道資料を読み進め、汚染地域確定の経緯や、「移住権」「居住リスク」の考え方を知った。その一方で、ブリャンスク州を訪問して、現場での制度運用の問題点も目にした。主要な資料は読み込んでいたつもりが、実際に現地を訪ねるとはじめて知ることばかりだった。

チェルノブイリの悲劇について、日本の関心が低かったわけではない。民間の交流や公的な支援も続けられてきた。しかし被災地の制度、チェルノブイリ法の内容については、これまでほとんど紹介されてこなかった。福島第1原発事故が起こるまでは、チェルノブイリの法制度への関心は高くなかった。筆者自身10年以上ロシア・CIS調査に携わってきたのに。自分がその無関心の一端を担っていたことも痛切に感じる。

しかし反省ばかりしていても始まらない。チェルノブイリ原発事故被災地の調査を参考に、法律家や与野党の議員に報告提案を行ってきた。民主党原発事故収束対策プロジェクトチーム会議や、法案を作るためのワーキングチームの勉強会でも、「移住権」と「帰還権」を軸にした制度作りの提案をさせてもらった。「チェルノブイリ法」のように、日本でも法律によって被災者の権利を定めることが必要であると主張してきた。日本で、チェルノブイリ法の考え方を土台に「子ども・被災者支援法」が成立したことは、大きな意味がある。法律で、被曝の影響が科学的に未解明であることを認め、居住・避難・帰還それぞれの選択を国が支援することを約束した。

この理念に沿った施策を、求め続けなければならない。「支援対象地域」の範囲や、支援メニューは政府が閣議決定で定めた。政権交代などで、新たな政府が誕生すれば、より法律の理念に沿った基準を設定しなおすこともできる。各地で「子ども・被災者支援法」の条文に基づく条例を作ることも期待したい。今後の司法判断に、この法律が影響を持つこともありうる。とにかく諦めず、法律を活用しつくす道を探っていきたい。

なお、本書では「原子力発電所の是非」という問題について、特定の立場に立たないことを心がけた。「住民支援」の必要性を主張すると、「脱原発の立場だから、そう言っている」とくくられてしまうことがある。また「原子力推進派だから、補償の問題を軽視している」という逆のくくりかたもある。しかし、被災地制度の調査と分析は、「脱原発」「原発推進」の対立を離れて行いたいと考えた。この本では、チェルノブイリ被災地の制度を紹介した。その制度について筆者なりの評価もしている。この評価が、「脱原発」または「原発推進」という立場に基づくものではないことは強調したい。

現地調査を終えて実感するのは、「原発事故」が一度起これば、その物理的、環境的、社会的・心理的影響は広範囲・長期間に及ぶということだ。事故25年後のチェルノブイリ被災地を見ればよく分かる。この点で、原発事故は他の産業災害とは大きく異なる。

チェルノブイリ原発事故は、根深い政治不信と社会混乱を巻き起こした。これがソ連という大国が崩壊に向かう一因ともなった。当時の専門家たちも、「大丈夫、安全である」と言い続けたのだ。それでもやはり混乱は収まらず、逆に住民たちの不信感を深める結果となった。事故後の対応が、1つの国家を崩壊に導くほどの問題になりうるということは、真剣に考えなくてはいけない。


本書のタイトルは『3・11とチェルノブイリ法』である。福島第1原発で爆発が起こったのは、厳密には3月11日ではない。それでも「3・11」と記したのは、大震災を背景に起こった原発事故と地域復興の苦悩を、私たちの共有体験として表したかったからだ。

この本はチェルノブイリ被災地の調査に基づいて書かれたものだ。しかし福島県の人々、避難者の方々との出会いがあってはじめて気づかされた問題点が多くあった。自分も当事者意識を強く持とうとしているつもりが、「外からの視点」になっていることに気づき、はっとさせられることの繰り返しである。

議員や法律家の方々との意見交換も、筆者の視野を広げてくれた。今回調査の過程で出会った議員たちはみな、本気で頭を悩ませて被災者のために何ができるかを考えていた。議員立法で「支援法」成立を実現した方々には、敬意を表したい。

筆者の調査を広く紹介してくれたジャーナリストの方々にも、お礼を申し上げたい。共同通信社の石井達也生活報道部長には、チェルノブイリの制度に関心を持つ議員の方々に、筆者の調査について紹介をいただいた。同社の上村淳ニュースセンター整理部長には、記事で調査内容を取り上げていただいた。そして『週刊ダイヤモンド』の大坪亮副編集長には、特集の誌面を通じ、筆者の調査提案を伝える貴重な機会をいただいた。

チェルノブイリ法の分析でも、専門家の方々に助けられた。株式会社ニプロスの榎本和俊代表取締役と及川功氏には、訳文の修正をしていただき、本書への掲載も快諾いただいた。小森田秋夫神奈川大学法学部教授には、チェルノブイリ法の背景となったソ連の法制度や、憲法裁判所決定の位置づけについて丁寧な解説をいただいた。チェルノブイリ法には、当時のソ連に特有の用語や社会背景を反映した言葉も多い。難解な法文ながらも、専門家の方々の協力を得て、多少なりとも理解に近づけたことに感謝したい。

今回編集を担当していただいた東洋書店の岩田悟氏とは、『ロシア文化の方舟』（東洋書店）に共著者として参加して以来、二度目の共同作業である。調査報告書的な文体や翻訳調が残ってしまう原稿に丁寧に目を通して、指摘をいただいた。「これは研究書ではない。子どもを心配するお母さんたち、郷土の将来を担う学生たちにも読んでもらうことに意味がある」と繰り返しこの本に託す思いを語ってくれた、よき同志である。

２０１１年９月に実施したブリャンスク訪問調査は、２０１１年11月10日に開催された現代経営技術研究所（現研）第３６１回新経営具体化研究会において「日本の復興のために、今、企業

に何ができるか　チェルノブイリ原発事故後25年――被災地からの助言」と題してその成果を報告し参加者の皆様から大きな反響を頂いた。現研はさらにこのプロジェクトを継続し、筆者はチェルノブイリ被災地からの教訓を社会に広報する役割とともに、今後の被災地の復興に真に役立てていただける提言を行う使命を担い、今日に至っている。大槻裕志現研所長の「1ミリ・1センチでも世界を動かしてみろ」という言葉が、テーマの大きさの前に時に立ちすくむ体を、後押ししてくれた。

本書の執筆によって現研の諸先輩から託された思いに応えようと全力を尽くしてきた。そのことが筆者を成長させてくれたと思う。現研メンバーみなに、あらためてお礼を申し上げたい。なお、お世話になった方々の所属、役職は初版時のものである。

「いろいろ理想はある。でも何か1つでも実現できれば、それが重要なことだ」。6章で紹介した「ラジミチ」代表のアンドレイの言葉だ。私はこの本を作ることで「何か」を実現できただろうか。きっとほんの小さな1つだ。まだ満足はしていない。

この小さな1つが、被災地の制度、住民や避難者の権利を考えるきっかけとなるなら、本当にうれしく思う。

尾松　亮〈おまつ　りょう〉　東京大学大学院人文社会研究科修士課程修了。平成16～19年、文部科学省長期留学生派遣制度により、モスクワ大学文学部大学院に留学。その後、日本企業のロシア進出に関わるコンサルティング、ロシア・CIS地域の調査に携わる。本書の元となったブリャンスク州への調査当時、株式会社現代経営技術研究所主任研究員。現在、研究者として被災地制度の調査、立法提言を続ける。
共著に『ロシア文化の方舟――ソ連崩壊から二〇年』（東洋書店、2011年)、『原発避難白書』（人文書院、2015年）他。

新版　3・11とチェルノブイリ法
再建への知恵を受け継ぐ

著　　者　　尾松　亮

2016年3月11日　新版第1刷発行

発行者　揖斐　憲
発　行　東洋書店新社
〒150-0043　東京都渋谷区道玄坂1丁目19番11号
寿道玄坂ビル4階
TEL 03-6416-0170　FAX 03-3461-7141
発　売　垣内出版株式会社
〒158-0098　東京都世田谷区上用賀6丁目16番17号
TEL 03-3428-7623　FAX 03-3428-7625
組　版　Days
印刷・製本　中央精版印刷株式会社
装　幀　大坪佳正


ISBN978-4-7734-2001-2

# 1991年5月15日付（N1244-1）
# ロシア連邦法

# 「チェルノブイリ原発事故の結果
# 放射線被害を受けた市民の社会的保護について」（抄訳）

・2011年7月11日付連邦法N206-FZによる修正までを反映した版を使用
・「コンサルタントプラス」（"Консультант Плюс"）社の法文データベース参照http://www.consultant.ru

## 第Ⅰ部　総則

### 第1条　法の目的と課題

本法は1986年4月26日のチェルノブイリ原子力発電所事故の結果生じた否定的要因の影響を受けている地域に居合わせたロシア連邦市民、および同事故の収束作業に参加したロシア連邦市民の利益・権利の保護を目的とし、またこれらの市民に対する社会的支援分野における国家政策を規定するものである。

### 第2条　チェルノブイリ原発事故に関するロシア連邦の法制

チェルノブイリ原発事故に関連する諸関係は、本法、ロシア連邦現行法の本法に矛盾しない規範、またこれら規範に則して公布される法規によって調整される。

### 第3条　チェルノブイリ原発事故の結果放射線被害を受けたロシア連邦市民の被害補償と社会的支援策を受ける権利

ロシア連邦市民には、本法に規定されたチェルノブイリ原発事故の結果受けた健康・財産の被害補償、チェルノブイリ原発事故の結果許容レベルを超える放射能汚染を受けた地域に居住・就労することに伴うリスクに対する被害補償、また社会的支援策を受けることが保証される。

複数の根拠に基づき、ロシア連邦市民が本法に定められた被害補償・社会的支援策を受ける権利を有する場合、当該市民には、これらすべての根拠により規定された被害補償および社会的支援策が提供される。この場合、同一の被害は当該市民の選択した一つの根拠にのみ基づいて補償され、同一の社会的支援策は当該市民の選択した一つの根拠にのみ基づいて提供される。

もし同一の市民が本法で定める被害補償・社会的支援策と同時に、別の法規が定める同様の被害補償・社会的支援策を受ける権利を有する場

合、これが如何なる根拠によって設定されるかに関係なく、ロシア連邦の法律が別の規定をしていない限りにおいて、被害補償および社会的支援策の提供は当該市民の選択によって本法または他の法規のどちらかによって実施される。

**第4条　チェルノブイリ原発事故の結果放射線被害を受けた市民に対する社会的支援の概念**

チェルノブイリ原発事故の結果放射線被害を受けた市民に対する社会的支援とは、チェルノブイリ原発事故の結果放射線被害を受けた市民に社会的保障[1]を与える、本法および他の連邦法によって定められた施策体系である。

本法が定める社会的支援策はロシア連邦政府が定める手続きに従って実施される。

**第5条　法の実施のための資金拠出**

本法に定められた、チェルノブイリ原発事故の結果放射線被害を受けた市民に対する被害補償や社会的支援策の実施については、ロシア連邦が資金拠出義務を負う。ロシア連邦の資金拠出義務履行のための拠出手続きは、ロシア連邦政府が定める。

本法が定める補償金や他の給付金の配送費用は、付加価値税分を除いて補償金および他の給付金額の1.5%の範囲内で、連邦予算から支出される。

本法に定められた市民に対する支給金の額は、他の連邦法に則してインデクセーションが定められている補助金や他の支給金を除いて、各会計年度の連邦予算に関する連邦法に定められた物価変動レベルをもとに

---

1　Social Guarantee : 当該社会の構成員がもつ憲法上の社会経済・社会政治上の権利（労働、教育、医療サービスなどに対する権利）の実現を保障する物的資源や法的手段の総体。
出典：社会学辞典 http://www.soclexicon.ru/garantiya-socialnaya

ロシア連邦政府が定める手続きに従って毎年インデクゼーションがなされる。

**第6条　チェルノブイリ原発事故被災地における住民の居住のコンセプトの基本的規定**

チェルノブイリ原発事故の結果放射能汚染を受けた地域における住民の居住条件を定めるにあたって、本法は次の規定に依拠している。

1：チェルノブイリ原発事故による放射能で受けた住民の被曝量レベルを、防護策実施および被害補償の必要性について決定する際の基本指標とする。
2：チェルノブイリ原発事故に起因する放射性降下物により1991年およびその後の年に住民が受ける平均実効線量が（当該地域の自然・人工放射線レベルに対し）追加で1ミリシーベルト／年を超えない場合、何らかの介入を必要としない許容値とする。
3：チェルノブイリ原発事故に起因する放射性降下物により1991年およびその後の年に住民が受ける平均実効線量が（当該地域の自然・人工放射線レベルに対し）追加で1ミリシーベルト／年を超える場合は、防護策（対策）が実施される。
複合的な防護策は、慣れ親しんだ生活習慣に対する制限を緩和しながら、（食品汚染の減少などの方法により）放射線負荷の継続的な軽減を志向するものでなければならない。この目的達成に向けた最適化は、住民が受ける平均実効線量が1991年の時点で5ミリシーベルトを超えないこと、またこの線量を経済的・社会的に正当化されうるやり方で可能な限り年間1ミリシーベルトまで引き下げるという条件を考慮して行われる。
4：「1993年～1995年および2000年までの期間におけるチェルノブイリ原発事故被害の影響からロシア連邦住民を保護するための統一国家プログラム」に示された居住区からの市民の義務的退去を完了させる必要がある。

5：本法9条に従って住民の移住が義務付けられる「退去対象地域」および「疎外ゾーン」の範囲外で、放射性核種汚染地域に居住する市民は、放射線状況や被曝量、被曝により発生しうる健康被害に関して与えられる客観的な情報に基づいて、自主的に当該地域での居住を続けるか他の地域に移住するかを決定することができる。

## 第Ⅱ部　チェルノブイリ原発事故の結果放射能汚染を受けた地域の制度と環境回復

### 第7条　放射能汚染地域

本法の対象となるのはチェルノブイリ原発事故の結果放射能汚染を受けた地域のうち

・1986年とその後の年に市民の避難と退去が行われた地域

・1991年以降、住民が受ける平均実効線量が1ミリシーベルト／年を超える地域

・1991年以降、セシウム137による土壌汚染濃度が1キュリー／$km^2$を超える地域である。

上記の地域は次のゾーンに区分される

・疎外ゾーン

・退去対象地域

・移住権付居住地域

・特恵的社会・経済ステータス付居住地域

これらの地域の境界線、および汚染地域にある居住区リストは、放射線状況の変化に応じてまた他の要因を考慮して設定されるものであり、ロシア連邦政府によって最低でも5年に1度見直される。

### 第8条　疎外ゾーン

疎外ゾーン（1986年〜1987年には「30kmゾーン」、1988年〜1991年

5月15日までは「退去対象地域」と呼ばれていた）とは、チェルノブイリ原子力発電所周辺地域、またチェルノブイリ原発事故の結果放射性物質によって汚染されたロシア連邦内の地域で1986年および1987年に放射線安全基準に従って住民の避難が実施された地域である。

ロシア連邦領内の疎外ゾーンでは住民の定住が禁止され、経済活動および自然利用が制限される。疎外ゾーンで実施される経済活動のリスト、当該ゾーンでの経済活動および自然利用の手続きは、ロシア連邦政府によって定められる。

**第9条　退去対象地域**

「退去対象地域」とは、ロシア連邦領内で疎外ゾーンを除く、土壌の汚染濃度がセシウム137で15キュリー／$km^2$以上、またはストロンチウム90で3キュリー／$km^2$以上、またはプルトニウム239、240で0.1キュリー／$km^2$以上の地域である。

当該地域のうちセシウム137による土壌汚染濃度が40キュリー／$km^2$以上の地域、または放射性降下物から住民が受ける平均実効線量が5ミリシーベルト／年を超える可能性のある地域では、住民に移住が義務付けられる。これらの地域への住民の移住は、放射能による被害のリスクが定められた許容レベルに下がるまでは禁止される。

これ以外の退去対象地域で、他の地域への移住を決定した市民もまた、本法に定められた被害補償と社会的支援策を受ける権利を有する。

放射性核種の植物中への高いレベルの移行を促進する土壌の土地があるなど、チェルノブイリ原発事故の結果放射能汚染を受けた地域の地形や土壌の地質化学的特性を考慮して、汚染レベルのより低い地域が、ロシア連邦の法律によって当該ゾーンに分類されることもありうる。

退去対象地域では住民の健康状態に対する義務的医療チェックが実施され、被曝レベルを低減するための防護策が実施される。被曝レベルについて住民はマスコミを通じて情報を与えられる。

退去対象地域における住民の居住制度や、同地域の経済的利用の手続きは、ロシア連邦政府によって定められる。

### 第10条　移住権付居住地域

「移住権付居住地域」とは、ロシア連邦領内で、「疎外ゾーン」「退去対象地域」を除く、セシウム137による土壌汚染濃度が5～15キュリー／$km^2$の地域である。住民が受ける平均実効線量が1ミリシーベルト／年を超える当該地域の居住区に住み、他の地域への移住を決定した市民は、本法に定められた被害補償と社会的支援策を受ける権利を有する。

放射性核種の植物中への高いレベルの移行を促進する土壌の土地があるなど、チェルノブイリ原発事故の結果放射能汚染を受けた地域の地形や土壌の地質化学的特性を考慮して、汚染レベルのより低い地域が、ロシア連邦の法律によって当該ゾーンに分類されることもありうる。

セシウム137以外の半減期の長い放射性核種による放射能汚染度に応じて「移住権付居住地域」の境界を画定する追加的基準は、ロシア連邦政府によって定められる。

「移住権付居住地域」では住民の健康状態に対する義務的医療チェックが実施され、被曝レベルを低減するための防護策が実施される。被曝レベルについて住民はマスコミを通じて情報を与えられる。

当該地域における住民の居住制度や、当該地域からの住民の自主的移住の手続き、当該地域における経済活動および他の活動の実施の手続き、住民の健康保護ならびに疾病リスク低減に向けた施策の実施に関する手続きは、ロシア連邦政府によって定められる。

### 第11条　特恵的社会・経済ステータス付居住地域

特恵的社会・経済ステータス付居住地域とは、ロシア連邦領内で、「疎外ゾーン」「退去対象地域」「移住権付居住地域」を除く、セシウム137による土壌汚染濃度が1～5キュリー／$km^2$の地域である。当該地域で

は住民が受ける平均実効線量が1ミリシーベルト／年を超えてはならない。

セシウム137以外の半減期の長い放射性核種による放射能汚染度に応じて当該地域の境界を画定する追加的基準は、ロシア連邦政府によって定められる。

当該地域では、放射線防護・放射線環境防護[2]の医療施策を含む複合的対策が実施されるほか、住民の生活の質を平均レベル以上に改善し、チェルノブイリ原発事故や当該地域で実施される対策に関連して生じる心理・感情的負担による否定的影響を緩和する、経済・環境機構が構築される。

**第12条　チェルノブイリ原発事故の結果放射能汚染を受けたロシア連邦の地域の環境回復**

チェルノブイリ原発事故の結果放射能汚染を受けた地域では、自然環境の回復に向けられた、以下の総合的な経済的・法的・その他の施策が実施される。

・学術調査
・環境にとって潜在的に危険な対象および自然環境の状態の監督
・経済活動や別の種類の活動に対する国家環境審査
・自然がこうむる被害の低減と補償。これには環境にとって危険な要因が自然に影響を与えることを防ぐことも含まれる。
・地域の放射能汚染を受けた土地区画を環境的に安全な状態にし、経済活動や住民の生活に使用できるようにすること
・放射能汚染された地域を、環境回復の程度に応じて経済活動のために利用再開すること

放射能汚染を受けた地域の環境状況に対する監督活動の組織と実施、同地域の環境回復に向けた施策の策定と実施は、ロシア連邦政府の委任

2　Radioecological protection

を受けた機関によって行われる。

## 第Ⅲ部　チェルノブイリ原発事故の結果放射線被害を受けた市民のステータス

### 第13条　チェルノブイリ原発事故の結果放射線被害を受けた市民のカテゴリー

本法の対象となるチェルノブイリ原発事故の結果放射線被害を受けた市民にあたるのは以下である。

1)　チェルノブイリ原発事故の結果による放射線の影響またはチェルノブイリ原発事故収束作業との関連で、放射線病または他の疾病を患った者または患ったことのある者

2)　チェルノブイリ原発事故の結果障害者になった者で以下に該当する者

・疎外ゾーン内でチェルノブイリ原発事故の収束作業にあたった者またはチェルノブイリ原発で運用または他の作業に従事した者(臨時派遣者、出張者を含む)

・作業内容や配置場所に関係なく、特別召集されチェルノブイリ原発事故収束に関係する作業に投入された軍人および予備役兵、ならびに疎外ゾーン内で勤務した（する）内務機関、国家消防局の上級または下級職員

・疎外ゾーンからの避難者、退去対象地域からの移住者、または避難決定の後にこれらの地域から自主的に出て行った者

・骨髄移植手術から経過した時間および移植の関連で生じた障害の期間に関係なく、チェルノブイリ原発事故被災者の生命救助のために骨髄を提供した市民

3)

・1986年～1987年に疎外ゾーン内でチェルノブイリ原発事故収

束作業に参加した者、同時期に住民や物的資産、家畜の避難に係る作業に従事した者、またチェルノブイリ原発で運用やその他の業務に従事した者（臨時派遣者、出張者を含む）

・作業内容や配置場所に関係なく、特別召集され同時期に疎外ゾーン内でチェルノブイリ原発事故収束に関係する作業に投入された軍人および予備役兵。これには民間航空の飛行要員や技術者も含まれる。

・1986年～1987年に疎外ゾーン内で勤務した内務機関の上級または下級職員

・1988年～1990年に「シェルター」関連作業に召集を受けて参加した軍人および予備役兵を含む市民

・チェルノブイリ原発事故の被害を受け自ら放射線源となった患者に対し1986年4月26日～6月30日に医療サービスを提供した際に、許容値を超えて被曝した下級・中級医療従事者、医師、治療機関の他の職員（業務内容に即した職場の放射線状況にある条件下で、なんらかの電離放射線源を扱う専門業務に従事する者は除く）

4）

・1988年～1990年に疎外ゾーン内でチェルノブイリ原発事故収束作業に参加した者または同時期にチェルノブイリ原発で運用やその他の業務に従事した者（臨時派遣者、出張者を含む）

・作業内容や配置場所に関係なく、特別召集され同時期にチェルノブイリ原発事故収束に関係する作業に投入された軍人および予備役兵

・1988年～1990年に疎外ゾーン内で勤務した内務機関の上級または下級職員

5） 疎外ゾーン内で就業する市民

6） 1986年に疎外ゾーンから避難させられた者（自主避難者も含む）

または1986年およびその後の年に退去対象地域から移住した（移住する）者（自主的移住者も含む)。これには児童および避難時に胎児であった（である）子供も含まれる。

7）移住権付居住地域に定住する（勤務する）市民

8）特恵的社会・経済ステータス付居住地域に定住する（勤務する）市民

9）他の地域にまだ移住していない退去対象地域に定住する（勤務する）市民

10）退去対象地域で就業する（同地域に居住はしていない）市民

11）1986年およびその後の年に移住権付居住地域から新たな場所に自主的に移住した市民

12）疎外ゾーン、退去対象地域、移住権付居住地域、特恵的社会・経済ステータス付居住地域で、軍務（服務）に従事する（従事した）軍人、内務機関および国家消防局の上級・下級職員*

放射線被害および（または）被害を受けるリスクが、被害者の意図的行為によって増大したときは、被害者に対する被害補償や社会的支援策が為されない、または被害補償や社会的支援策の規模が裁判所の決定によって縮小されなければならない。

＊軍務（服務）従事（従事済）者に該当するのは、士官、准尉、志願兵、長期勤続軍人、女性軍人、また軍隊、国家安全保障機関・部隊、国内軍、鉄道軍および他の部隊で兵役期間中の下士官および兵卒、また内務機関[3]および国家消防局[4]の上級・下級職員である。

---

3　内務機関（органы внутренних дел）とは、内務省、警察など、社会秩序および治安の確保、犯罪の取り締まりを主要任務とする国家行政機関のこと。

4　国家消防局（Государственная противопожарная служба / Russian State Fire Service）は、ロシア非常事態省に部分的に所属する消防署の一種で、連邦消防署とロシア連邦構成主体消防署に分かれている。

**第17条　疎外ゾーンからの避難者および退去対象地域から移住した（する）市民に対する被害補償と社会的支援策**

本法13条第1項6号に示された市民に対しては、次の社会的支援策が提供される。

・疎外ゾーンから避難した者に対しては、本法14条第1項3～12号および15条第1項2号および3号に示された社会的支援策。

・退去対象地域から移住した者（移住する者）に対しては、本法14条第1項4、5、7、9、11、12号および15条第1項2号、第3項2号に示された社会的支援策。

その他にも、これらの市民に対しては以下が保証される。

1）新しい居住地への移住に伴うロシア連邦労働法に基づいた雇用契約の解消

2）職業および職能に応じた新しい居住地での優先的雇用。こうした雇用が不可能である場合、本人の希望を考慮して他の職が提供されるか、もしくは新たな職業（専門）のための訓練を受ける機会が与えられ、職業訓練期間中には平均賃金が所定の手続きに従い維持される。

3）新たな居住地に到着した後の就職活動期間には、4カ月を限度として平均賃金が維持され、職歴に中断がないものとして扱われる。

4）財産の喪失に関連した物的損害の補償。補償対象には次が含まれる。

・建築物（住宅、菜園小屋、ダーチャ、ガレージ、経済活動用の建物など）や、放射能汚染度が高いために新しい居住地に運べない家財道具の価格。

・殺処分対象のすべての家畜、喪失した菜園植え付けや播種の価格。

疎外ゾーンや退去対象地域にダーチャ、菜園小屋、その他の建築物、菜園植え付けを所有する市民、および相続により、またはロシア連邦の法律に定められた他の根拠に基づき、当該地域に財産を取得した市民は、

その市民の定住地に関係なく、本号に則してこれら財産価格の補償を受ける。

補償金の支給手続きは、ロシア連邦政府により定められる。また上記建築物および財産の価格をそれらの放射能汚染度を考慮して査定するにあたって、評価活動の主体が適用することを義務付けられる評価基準もまたロシア連邦政府によって定められる。

5) 新しい居住地への移住に伴う一時的補助金の額は、移住する家族一人当たり500ルーブルとする。

6) 輸送手段が無料で提供される場合を除き、移住のための交通費、鉄道・船舶・自動車・航空機（他の手段がない場合）による荷物の輸送費に対する補償。また労働不能者、子供の多い世帯、シングルマザー、独り身の女性には、荷役サービスの費用も追加で支給される。

7) 住環境の改善を必要とし、2005年1月1日までに登録した者には、ロシア連邦政府が定めた規模および手続きに従い、住宅が提供される。住環境の改善を必要とし、2005年1月1日以降に登録した者には、ロシア連邦の住宅関連の法律に従って、住宅が提供される。

8) 労働不能者が家族の一員として同居するため住居に移住することにより住宅環境の改善が必要となる場合、ロシア連邦の住宅関連の法律に従って、当該労働不能者に住宅が提供される。

9) 個人住宅の建設に必要な土地および建材が優先的に取得できる。

10) 共同ガレージおよび輸送手段（水上輸送手段も含む）置場の建設・利用に関する協同組合への優先加入権。

11) 退役者用施設または高齢者・障害者用施設への優先的入居。

12) 子供の就学前児童施設への優先的入園、児童用特別治療・保養施設の優先的利用。

13) 保養のための補償金として年間100ルーブルを支給

**第18条　移住権付居住地域に定住する（勤務する）市民に対する被害補償と社会的支援策**

本法13条第1項7号に示された市民には、以下が保証される。

1）居住期間に応じた月額補償金

1986年4月26日から：40ルーブル

1995年12月2日から：20ルーブル

当該地域に胎児として存在し1987年4月1日までに生まれた子供に対しては、40ルーブルの月額補償金が設定される。

2）当該地域での勤務者に対して、有害労働条件での作業に対して与えられる追加休暇とは別に、本項3号に定められた額での保養一時補償金の支給を伴う追加の年次有給休暇。但し、居住（勤務）期間に応じて、以下の通り日数が定められる。

1986年4月26日から：14暦日

1995年12月2日から：7暦日

3）組織の法的・所有上の形態に関係なく当該地域の組織で勤務する者、またロシア連邦の法律に即して当該地域で企業活動に従事する者に対する月額補償金。但し、居住・勤務期間に応じて、以下の通り金額が定められる。

1986年4月26日から：200ルーブル

1995年12月2日から：50ルーブル

4）年金および、非就労年金受給者・障害者・障害を持つ子供に対する補助金の増額月額支給。但し、居住期間に応じて、以下の通り金額が定められる。

1986年4月26日から：277ルーブル98コペイカ

1995年12月2日から：92ルーブル66コペイカ

当該地域に位置する国立初等・中等・高等職業教育機関で学ぶ大学院生に対し50％増額の奨学金支給。所定の手続きに従い登録された失業者に対する100ルーブルの追加補助金支給。

5) 当該地域での勤続年数および地域の放射能汚染度に応じた、永年勤続報償の追加支給。

6) 女性には放射能汚染地域外での健康対策の実施を含む90暦日間の産前休暇。

妊娠初期（12週まで）の産前講座に登録している妊婦に対しては、妊産手当と同時に一時金50ルーブルの追加支給。

7) 子供が3歳に達するまで月額育児手当の倍額支給。二人以上の子供を育児する場合には月額育児手当が合算支給される。二人以上の子供を育児する場合の上記手当の合算額は、当該手当を算出する基となる給与（収入）の100％を超えることができないが、連邦法で定められた育児手当最低月額の二倍の額を下回ってはならない。

育児手当の月額最低額は、第一子に対して1500ルーブル、第二子以降に対しては3000ルーブル。（1995年5月19日付連邦法N81-FZ）

8) 3歳未満の子供を対象とした乳製品のための月額補償金

1歳未満の子供：230ルーブル

1歳以上3歳未満の子供：200ルーブル

9) 就学前児童施設における子供の食費として180ルーブルの月額補償金。これは3歳以上の子供が医療上の理由で就学前児童施設に通っていない場合にも適用される。

10) 国公立一般教育機関、初等・中等職業教育機関における、就学期間中の就学者の食費として70ルーブルの月額補償金。

11) 必要な栄養素が高い濃度で含まれる「きれいな*」食品の供給

＊「きれいな」食品とは、放射性核種の含有量が国際基準を超えず、ロシア政府が認可した機関によって販売および消費に適していると認められた食品のことである。

12) 国立初等・中等・高等職業教育機関に入学するとき、また職業

訓練講習を受講するときに、(他の条件は等しくした上で) 就学時の入寮が優先的に認められる権利。当該市民に対しては就学場所に関係なく50%増額された奨学金が設定される。

13) 保険料納付期間に関係なく、一時的労働不能および出産育児時に対する義務的社会保険料をロシア連邦社会保険基金に納めている場合に考慮される、平均給与の100%に相当する額の一時的労働不能手当の支払い。

移住権付居住地域への臨時派遣者または出張者に対しては、当該地域での実質勤務時間について、本条第1項1〜3号および5号に示された社会支援策が提供される。

**第20条　他の地域にまだ移住していない、退去対象地域に定住(勤務)する市民に対する被害補償と社会的支援策**

本法13条第1項9号に示された市民には、本法14条第1項11号および18条第1項5〜11号および13号に定められた、社会支援策が提供される。

それ以外にも、以下が保証される。

1) 居住期間に応じた月額補償金

1986年4月26日から：60ルーブル

1995年12月2日から：40ルーブル

当該地域に胎児として存在し1987年4月1日までに生まれた子供に対しては60ルーブルの月額補償金が設定される。

2) 当該地域での勤務者に対して、有害労働条件での作業に対して与えられる追加休暇とは別に、本項3号に設定された額での保養一時補償金の支給を伴う追加の年次有給休暇。但し、居住(勤務)期間に応じて、以下の通り日数が定められる。

1986年4月26日から：21暦日

1995年12月2日から：7暦日

3) 組織の法的・所有上の形態に関係なく当該地域の組織で勤務す

る者、またロシア連邦の法律に即して当該地域で企業活動に従事する者に対する月額補償金。但し、居住・勤務期間に応じて、以下の通り金額が定められる。

1986年4月26日から：400ルーブル

1995年12月2日から：200ルーブル

4) 年金および、非就労年金受給者・障害者・障害を持つ子供に対する補助金の増額月額支給。但し、居住期間に応じて、以下の通り金額が定められる。

1986年4月26日から：555ルーブル96コペイカ

1995年12月2日から：185ルーブル32コペイカ

当該地域に位置する国立初等・中等・高等職業教育機関で学ぶ大学院生に対し100%増額の奨学金支給。所定の手続きに従い登録された失業者に対する200ルーブルの追加補助金支給。

# 参考文献

**法文：**

1990年4月25日付ソビエト連邦最高会議決定N1452-1「チェルノブイリ原発事故収束と同事故に関連する状況の克服に関する統一プログラムについて」（Постановление ВС СССР от 25.04.1990 N 1452-1 ≪О единой программе по ликвидации последствий аварии на Чернобыльской АЭС и ситуации, связанной с этой аварией≫）

1991年4月8日付ソビエト連邦内閣決定N164「チェルノブイリ原発事故被害を受けた地域における住民の居住コンセプト」（Постановление Кабинета Министров СССР от 08.04.1991 N 164 ≪О Концепции проживания населения в районах, пострадавших от аварии на Чернобыльской АЭС≫）

1991年5月15日付ロシア連邦法N1244－1「チェルノブイリ原発事故の結果放射線被害を受けた市民の社会的保護について」（2011年7月11日修正版）（Закон РФ от 15.05.1991 N 1244-1 ≪О социальной защите граждан, подвергшихся воздействию радиации вследствие катастрофы на Чернобыльской АЭС≫）

**非常事態省資料：**

『チェルノブイリの悲劇――ロシアにおける被害克服の総括と問題1986～2001』ロシアナショナルレポート（Министерство Российской Федерации по делам гражданской обороны, чрезвычайным ситуациям и ликвидации последствий стихийных бедствий ≪ЧЕРНОБЫЛЬСКАЯ КАТАСТРОФА Итоги и проблемы преодоления ее последствий в России 1986-2001≫ Российский национальный доклад（http://www.ibrae.ac.ru/content/view/235/285/））

『チェルノブイリ事故25年――ロシアにおける被害克服の総括と展望

1986〜2011』ロシアナショナルレポート（Министерство Российской Федерации по делам гражданской обороны, чрезвычайным ситуациям и ликвидации последствий стихийных бедствий ≪25 ЛЕТ ЧЕРНОБЫЛЬСКОЙ АВАРИИ Итоги и перспективы преодоления ее последствий в России 1986-2011≫ Российский национальный доклад Москва. 2011.）

**露語参考資料：**

Yu. イズラエリ「チェルノブイリ――過去と未来の予測」（Ю. Израэль ≪Чернобыль: Прошлое и прогноз на будущее≫// ≪Правда≫. № 79. 20 Марта 1989.）

『科学と生活』9号、1990年（≪Наука и жизнь≫. № 9. Сентябрь 1990.）

『ノボズィプコフ――歴史・地誌』（Администрация города Новозыбкова, Муниципальное учреждение культуры ≪НОВОЗЫБКОВСКИЙ КРАЕВЕДЧЕСКИЙ МУЗЕЙ≫ ≪Новозыбков Историко-краеведческий очерк≫. Брянск. Издательство БГУ, 2001.）

N. V. ゲラシモフ他『チェルノブイリ原発事故の社会・経済的影響（ブリャンスク州を例に）』（Н.В. Герасимова, И.Л. Абалкина, Т.А. Марченко, С.В. Панченко, А.В. Симонов ≪Социально-экономические последствия чернобыльской аварии (на примере Брянской области)≫. Москва. Издательство Комтехпринт, 2006.）

V. M. コトリャコフ編『現代地理名辞典』（≪Словарь современных географических названий≫（Под общей редакцией акад. В. М. Котлякова). Екатеринбург. У-Фактория, 2006.）

I. N. キセリョフ『放射線被害を受けた市民の社会的保護に関するロシア連邦の法制――問題点と発展の展望』（И.Н. Киселев ≪Законодательство РФ о социальной защите граждан, подвергшихся воздействию радиации: проблемы и перспективы развития≫.

Брянск. 2006.)
A. F. ボイストロチェンコ『チェルノブイリとブリャンスクの地―― その実態』(А.Ф. Войстроченко ≪Как это было-Чернобыль и Брянщина≫. Брянск. ГУП ≪Брянск. Обл. Полигр. Объединение≫, 2008.)

ノボズィプコフ市紹介サイト(http://www.novozybkov.ru/gorod/)
2010年4月26日付ロシア連邦非常事態省リリース(http://www.mchs.gov.ru/news/item/229856/)
2011年4月25日付ラジオ「ロシアの声」「ロシアのチェルノブイリ原発問題震源地で」(http://rus.ruvr.ru/2011/04/25/49401495.html)
情報サイト「チェルノブイリ・インフォ」(http://chernobil.info/?p=3021)

**和文参考資料：**
ジョレス・メドベージェフ『チェルノブイリの遺産』(吉本晋一郎訳)みすず書房、1992年
小森田秋夫編『現代ロシア法』東京大学出版会、2003年
ベラ・ベルベオーク、ロジェ・ベルベオーク『チェルノブイリの惨事(新装版)』(桜井醇児訳)緑風出版、2011年

平成23年4月21日「警戒区域の設定と一時立入りの基本的考え方」原子力災害対策本部原子力被災者生活支援チーム(http://www.meti.go.jp/earthquake/nuclear/shiji_1f.html)
首相官邸災害対策ページ「計画的避難区域について」(平成23年4月15日)(http://www.kantei.go.jp/saigai/faq/20110415_1.html)
首相官邸災害対策ページ「特定避難勧奨地点について」(平成23年7月1日更新)(http://www.kantei.go.jp/saigai/faq/20110701genpatsu_faq.html)